拎猫入住——

家有猫咪的装修提案

漂亮家居编辑部　著

中国水利水电出版社

www.waterpub.com.cn

·北京·

目录Content

KEY 3_ CAT'S STEP SHELVES & DOOR 猫走道&猫门

118

Case 9

环绕式猫道，打造360°
猫咪游乐场

128

Case 10

2人2猫世界里的隐形
猫房

138

Case11

把猫咪融入你的生活

146

Case 12

隐形的秘密通道，满足猫
咪的探险欲望

154

Case 13

赋予自然意象和活泼色
彩，猫窝设计不突兀

162

Case 14

可以自由自在生活的工业
风猫乐园

170

Case 15

全屋都是游乐场，猫咪自
由奔走无障碍

180

Case 16

突破限制，创造人猫共住
的幸福空间

KEY 1

·

BASIC

猫宅基础解析

杜玛动物医院猫咪行为专业医生

林子轩 Doctor

IAABC国际动物行为咨询协会认证
的专业猫咪行为咨询医生、AVSAB
美国兽医动物行为协会会员，专长
于猫行为问题与行为咨询专业。

文－张景威　图片提供－林子轩

猫咪换环境的过程宜小心缓慢

　　一般成年猫（一岁过后的猫即为成年）在生活中会花费许多时间睡觉，
一天要睡约14～16小时甚至以上，所以我们总是觉得猫咪十分懒散，一直打
盹，而睡眠以外的其余零星时间则是吃喝、如厕、玩游戏、待在喜欢且固定
处发呆等等。我们由此可以发现，猫咪是生活十分规律的动物，因此当环境
改变时，相对于其他宠物较难适应。如果家中是局部整修时，建议猫砂盆与
食盆可缓慢移动，外国专家建议一次挪动几十厘米，家具也是以分次少量更
换为主。而搬新家时，则可将猫与其主要物品安置于一间小房间内，让它先
熟悉新环境，有些性格较活泼的猫咪，可能几个小时就按耐不住好奇心，想
到外面探寻新天地了！但这里不建议把猫、水、食物、猫砂盆同时关在笼子
里，这并不是好的选择。

摄影 – Amily　空间设计 – 拓墣本然空间设计

①

最爱高处与隐秘的空间设计

　　刚刚提到猫咪有很规律的生物钟，除了睡眠之外，多会待在自己喜欢且能感到安心的场所，一般高处或是能够隐藏身体的空间，最得家中喵主子的喜爱。而因为猫咪具有地盘概念，当家中有两只以上的猫时，猫咪的主要物品（水、食物、猫砂盆等）及动线应尽量减少重叠，也能避免猫咪的争执与心理压力的产生。

① 猫咪需逐步渐进地适应新环境。

摄影－Amily｜空间设计－奕设计·郏

1

居高临下
找到安全感

　　与狮子、豹等同属于肉食性猫科动物的猫咪，即使到了现在仍然保有狩猎天性，必须待在高处以清楚观察猎物，相对于草食性动物为了吃草而水平移动来说，肉食性的猫咪则更擅长上下垂直跳跃移动。

　　因此在住宅设计中，相较于水平空间的宽广与否，为猫咪创造垂直动线，并与家人行走动线错开，更能让猫咪形成自己的安全领域。我会建议在家装设计时可将猫跳台或猫爬架与窗景做结合，让家中的猫星人享受俯视感觉。

摄影—Amily　场地提供

2
耀武扬威的
磨爪仪式

　　磨爪是猫咪的天性，它们需要磨利前爪来猎捕食物，并利用磨爪的痕迹来展示自己的权威，我们常发现家中客厅的沙发总是被抓得稀巴烂，因为沙发的材质对猫咪来说抓起来感觉很好，更重要的是一般沙发都放在家中显眼的位置，在这里磨爪才能展现"爪功"的厉害。而除此之外，磨爪也是猫咪释放压力的表现，常发生在刚睡醒的时候，有点类似人类刚睡醒时伸懒腰活动筋骨，猫咪也会趁睡醒时磨个爪舒解压力，活动筋骨。

摄影－Amily 商品暨场地提供－格子窝创意

3
隐蔽空间
对猫星人的必要性

　　猫咪是属于地域性很强的动物，非常需要**拥有自己的**势力范围，再加上为了保护自身安全，不让敌人发现，所以很会寻找安全、隐蔽的地点来躲藏。即使现在生活在安全的居家空间，仍然不改本性喜欢探寻可以隐藏的地点，因此家中能有**躲藏处**对于猫咪来说十分重要。但"铲屎官"往往没有做好**躲藏空间**的规划。一般人都以为丢个纸箱让猫咪躲进去即可，但至少还要加上毛巾或浴巾遮挡，并将其放置在隐蔽处。而当猫咪躲起来时，"铲屎官"也不应该打扰、逗弄，这样反而容易让猫失去安全感并产生焦虑。

摄影 – Amily · 空间设计 – 只设计 · 部

4
吃、喝、拉、撒、睡 通通都分开

吃饭与排泄的地方必须分开。如果饭盆与猫砂盆放在一起，猫咪爱干净的天性会让它直接忽略猫砂盆的存在，所以关笼饲养将猫咪所有生活必需用品放在一起是绝对错误的方式。当家里有两只以上的猫时，则建议分开喂食，尤其是一同吃饭时，如果有猫咪开始狼吞虎咽就需要调整喂食方式，因为猫咪平常是优雅进食的动物，当偏离本来的行为模式时，可能就是产生了压力。

有些饲主认为让猫一起吃饭它们才会感情好，但其实应该记住是**感情好才在一起，而不是在一起就会感情好**。

摄影－Amily

5
猫砂盆要藏起来

　　猫咪是天生就喜爱干净的动物，平常有掩埋自己排泄物的习惯，因此猫砂和猫砂盆绝对是饲养猫咪的必要工具。很多饲主会发现猫咪不爱使用猫砂盆，那可能就是放错地方了。除了之前说的水、食物与猫砂盆要分开之外，猫咪也希望你能将猫砂盆**藏起来**。因为在厕所时，猫处于相对弱势的状况，因此不喜欢被人发现它在上厕所，为了让猫咪有安全感，猫砂盆最好放置在通风且固定的隐蔽位置，例如阳台就是放置猫砂盆的理想区域。

摄影－Amily · 空间设计·只设计·部

6
猫咪再多
都能和平相处

　　当家里有两只以上的猫，且其中有些无法其乐融融相处时，我们在家居设计上就要多下功夫了！猫在行为上具有阶级之分，当家里有新猫加入，或是老猫不想被小猫打扰时，会为了维护各自的领域而躲藏。因此每只猫的生活动线都应该尽量甚至完全分开，增设猫跳台、四通八达的猫隧道等可供多只猫隐蔽、移动的空间，而在设计柜子时，下方多留几个适当的躲藏空间，长宽约40~50cm，就是猫咪最爱的秘密基地。

7
牵猫遛弯非梦事

　　猫咪是单独狩猎的动物，因此天生具有巡视领土的天性，它是经人饲养后才安分在家的。但其实猫咪被压抑的外出欲望常会反应在生理与心理上，因而会出现过度舔毛、强迫症或是泌尿问题等，如果能适时带猫外出满足其好奇心、解放天性，这些问题就能大幅减少。但即使猫咪能接受牵绳，在遇到嘈杂或是突如其来的危险时仍会快速地挣脱，跑得不见"猫"影，因此如果要带猫咪出门散步之前要先探勘地形，确认无躲藏之处并避开有毒植物，最好选择夜深人静时出门，不去夜市等人来人往的地方，像是大楼的大厅或是楼梯间就是很好的遛猫地点。

摄影 – Amily

8
喵星人的居住动线最好能贯穿全室

　　如前面所说，猫咪与狮子、豹等同属于肉食性猫科动物，是天生的**猎人**，每天的重要任务就是**巡视、探索、狩猎**，因此在做家装设计时，务必将我们的"猫主子"纳入规划之中。猫咪的行走动线最好可以贯穿全室，并结合垂直与躲藏空间设计，让其既可登高望远，又能游走巡视；在靠窗处加上窗台，留出足够的空间让猫咪可以随时跳上，让它们有机会望向外面世界，还能晒晒太阳，这就满足了喵星人"野性"的需求！

INTERIOR / DESIGN / PHOTOGRAPHY

设计师

里心空间设计

倾听房主对家居空间与生活的
期待，以专业技能协助房主实
现梦想，打造出独特且个人专
属的理想家。

文 – 王玉瑶　图片提供 – 里心空间设计

以猫咪的习性作为设计基础

　　生活在繁华的城市，现代人大多居住在缺乏户外空间、面积比较小的高
楼大厦。因此想要饲养宠物时，喜欢宅在家的猫咪便成了许多人的选择。相
对过去更倾向"实用性"的饲养方式，现在的饲主们不只将猫咪当成家人般
对待，对它们的宠爱已经延伸至个人生活空间，在有限的空间里加入猫道、
猫洞、跳台等设计，不只借此增加猫咪的活动力，也增加了生活乐趣。

摄影 – Amily　空间设计 – 里心空间设计

利用设计制造活动意愿

　　既然是专为猫咪做设计，首先就要先确认自家猫咪的个性。大多数猫咪皆具备优秀的跳跃力，但有些猫怕高，会因为高度过高而却步，因此跳台设计高度不宜过高，间距落差也不可过大，避免因为高度问题而降低使用意愿。随着跳台一路走到猫道，此时要考虑家中猫的数量，若是有两只以上，那么猫道就应有可容纳两只猫交错而过的宽度，但最终宽度的拿捏也需考虑到整体空间感，而且最好不要因此造成压迫感或对家人生活产生阻碍。

　　虽然猫总是一副慵懒的模样，但其实它们并非没有活力，设计时除了水平活动路线外，可加入垂直动线规划，最好还能在不同的高度设计几处让猫咪躲藏的隐蔽角落，如此一来便能诱导猫咪使用、增加活力，同时又满足它们喜欢躲藏在高处的特性。

　　整体来说，针对猫的家居设计无非是希望家里的猫咪可以住得更舒适、健康，但与此同时居住者的舒适度也不应被忽视，因为只有在兼顾两者的需求下，才能打造出真正让人猫都住得开心的家。

● 设计多重动线，变化路径增加活力与乐趣。

摄影 – Amily　空间设计 – 里心空间设计

1
猫道宽度对应饲养猫咪数量

　　一般最常见的是在墙上或者猫房里设置猫道，虽然猫咪是动作敏捷的动物，但猫道的设计并非只是随意架上木板就好，而是应从猫咪可舒适行走为基础做设计。一般猫咪行走于猫道时，除了直直向前走，也应该要留有可以360°转身的空间，因此猫道宽度至少要有20cm宽。但如果家中不只一只猫，则可能发生多猫同时在猫道上的状况，此时猫道宽度需足以让两只猫咪错身而过，因此宽度最好可以加宽至约25～30cm，如此才能确保行走顺畅，避免猫道发生堵车情形。

图片提供－里心空间设计

2
选材用料
应细心搭配

　　爱干净是猫的天性，猫总是无时无刻用自己的舌头整理身上的毛，因此要特别注意使用材质的挑选。如果可以，尽量选择天然材质，可营造出一个健康无毒的环境，避免猫咪舔到有毒材质，损害身体健康。另外，使用较柔软有缓冲力的材质，如软木地板可减缓猫咪跳下落地的冲击，但若是在意清洁问题，则建议使用抛光石英砖等易清理的材质，易清扫也不会有味道残留的问题。

图片提供 – 里心空间设计

3

猫房做好通风很重要

通常是多猫家庭才会有猫房规划的需求，而猫房的功能除了睡觉、玩耍的区域外，也会将猫盆及其他的猫用品一并收整在猫房里。所以，为了避免难闻气味挥之不去保证空气流通，建议猫房最好安排在阳台附近或者有窗户等通风较佳的房间。若是真的无法做此规划，那么在设计上应加强通风设计，像是加入非封闭式的格栅设计，可留出适当开口以利气味散去，确保空气流通顺畅。至于门板或隔墙可选用玻璃材质，制造空间通透感，也方便随时查看猫咪状况并互动。

图片提供－里心空间设计

4
独立猫屋大小
建议至少长180cm

　　有时因为面积不足，无法留出一个房间规划成猫房，便会选择设计独立猫屋，多半会配置在狭小的空间，像是楼梯下方，或是设计成柜体形式。猫屋或猫柜的大小应该保证在长180～200cm，宽约90cm，这样大小尺寸的猫屋，猫咪使用起来比较舒适，但基本上这只是适合容纳两只猫的适当大小，所以如果是多猫家庭，建议可在不同地方，多规划几个猫屋，以免空间不足而造成猫咪相处上的压力。另外，由于猫屋基本上空间并不大，所以要特别注意清理猫砂盆时的便利性，或者也可考虑将猫砂盆安排在别处，让猫屋单纯只是睡觉的地方。

设计师
MOMOCAT摸摸猫
Osborn & Momo

家有9只猫，从事猫咪手作家具制作8年，也曾是猫咪中途之家的一员。擅长各式猫咪家具和用品制作，设计风格强调兼顾饲主与猫咪需求，并借由与客户的互动过程中，分享饲养猫咪的正确态度，期待透过一次次的交流，用自己的方式去改变社会对待猫咪的观念。

图片提供 – MOMOCAT摸摸猫

厘清目的和需求，
让家人与猫咪找到最舒适的相处方式

　　所谓**猫家具**泛指各种猫咪起居用具，包含猫砂屋、猫爬架、烘毛箱、猫抓板、餐碗台、猫踏阶、猫天桥等。其中，猫爬架又可分为**开放式**和**封闭式**（又称猫柜）。两者之间如何抉择？MOMOCAT摸摸猫负责人Osborn建议房主可从使用目的的考虑，依照家居需求和空间条件先决定猫家具的形式，再进一步思考细部规划，如爬架数量、尺寸、是否结合猫砂屋等。

保证猫家具的可移性，避免过多固定式装潢

随着饲养猫咪的家庭愈来愈多，Osborn建议房主在思考猫宅规划前，应该事先厘清各项设计目的。以猫柜为例，必须先了解家中规划猫柜的动机和需求，以及空间条件是否允许等。他说："猫柜的好处是可以在必要的时候，把猫咪适当隔离，但应视情况而决定是否需要猫柜。"毕竟猫咪们多半喜欢自由，如果想给猫咪一个休息空间，一座简单的猫爬架就已足够，猫柜只是一个辅助的工具，目的应该是保护猫咪，而如果是把它关起来，则本末倒置了，甚至徒增清洁上的困扰，得不偿失。

此外，尽量选择可移动式**家具**，避免固定式**装潢**。因为猫家具常须面对猫咪的体液、毛屑、呕吐物等，稍有不慎就很容易脏乱不堪、损坏，如果拆掉重做不仅工程浩大也不方便。如果是移动式家具就能配合需求随时清洁、更换，也增加家居未来变化的可能性，如搬家、增加猫咪数量而扩大、猫咪过世需转售、房屋转手出售等。

❶ 选用猫家具必须分别从人和猫咪的角度挑选，让猫咪住得舒服，饲主也方便整理的猫家具，是最基本的要求。

摄影 – Amily 场地提供 – Cat's House
空间设计 – MOMOCAT摸摸猫

1
房屋维护和整洁的便利性
是首要标准

　　猫家具和一般家具最大的不同在于**需求**，除了照顾到猫咪的使用习性外，更要方便饲主日常清洁和维修保养。设计不用太复杂，重点是在猫咪喜欢待着的地方，如窗边、沙发旁等为它们留下一个位置。而饲主心中梦幻的猫天桥，虽能丰富空间层次却不好清理，除非饲主确定能够天天巡视打扫，否则容易成为家里藏污纳垢、细菌滋生的最大温床。

摄影 – Amily　场地提供 – Cat's House
空间设计 – MOMOCAT摸摸猫

2
依猫咪个性
做定制化调整

　　猫爬架由猫屋、猫抓板、猫抓柱、猫盘等配件组成，除了考虑猫体工学的使用动线，应饲主照顾方式和猫咪个性差异，规划也会有所不同，如有些猫咪比较害羞，猫屋开洞就不宜过多，留给猫咪更隐秘的躲藏空间。若是多猫家庭，则需注意猫咪们的互动情形，因为有些猫咪的地盘意识较强，就会建议把猫柜做出适度隔间，甚至规划个别的饮食区来分开喂食等，让猫咪们都找到自己合适的位置。此外，许多猫咪喜欢互相追逐，猫屋建议至少有双出口，让它们从不同入口进出，玩起来更为尽兴，不用怕被关起来。

摄影－叶勇宏·空间设计－MOMOCAT摸摸猫

3
固定式猫柜，
设计阶段先做好规划

依形式不同，猫柜共可分为固定式、半固定式和可移动式三种。如果想做固定式猫柜，必须在居家设计阶段就先确认它的尺寸、摆放位置、柜内格局、管线位置等。最上方务必预留通风管道，墙面可安装烤漆玻璃，既防水又好擦拭，也可依需求上色搭配房屋整体风格。此外，施工期间尽可能确定监工细节，否则完工再做修改反而更费工费时。

规划上，如果想兼顾装潢整体性和猫柜实用性，最理想的方案是半固定式猫柜，把固定装潢和可移动式猫爬架做结合。首先透过木工制作柜体外围结构和上方通风设备，搭配玻璃门、烤漆玻璃等防水墙面。猫柜的外围材质则有铁笼、铁网、纱网、玻璃、亚克力、木材等形式。最后放入一座可移动的猫爬架，美观之余，也兼顾后续清洁保养的便利，当柜体老旧损毁时，也能轻松维修替换。

摄影一叶勇宏 空间设计－MOMOCAT摸摸猫

4
优先考虑清洁维护的便利性，
材质务必防水好清理

　　不论哪一种猫咪家具，**防水**一定是首要考虑，板材切面也要做好安全封边，达到好清洁、不易损毁、不卡毛，适度保护猫咪的目的。猫柜板材建议选择木芯板、塑料贴皮等材质，既能防水又好清理。若是一般原木材质、未贴皮木芯板等，比较容易吸附味道，故不建议使用。

　　支撑猫爬架结构的猫抓柱，内部材质一样必须注意防水（如塑料管等），以确保猫爬架的稳固和耐用性，外层缠上麻绳以满足猫咪磨爪子的习性。有些市售猫爬架会以纸筒替代猫抓柱，价格虽便宜，却不耐用，容易断裂。

摄影―叶勇宏　空间设计―MOMOCAT摸摸猫

5
商用猫柜
保持卫生最重要

　　商用猫柜和家用猫柜的最大差别在于要更加注意卫生安全。一般来说，商用猫柜选材须注意选用易清洁与消毒的材料，若是猫民宿、猫旅馆等经常有不同猫咪来来去去的流动性场所，更需避免使用任何会吸水的材质，包括麻绳、猫抓板等猫咪个人卫生用品，尽量防止猫咪之间的疾病传染，如疱疹病毒、腹膜炎、寄生虫等。

摄影 – 叶勇宏　空间设计 – MOMOCAT摸摸猫

6
猫爬架的摆放位置，以“人”的生活动线为主

　　摆放猫柜和猫爬架的绝佳位置，以猫咪最喜爱的窗前区域为首选。此外，饲主们经常待着的地方，如床边、沙发旁、餐桌或书桌附近，也是不错的选择。因为天生傲娇的猫咪们虽不一定会主动黏着主人要抱抱，却仍习惯待在主人身边陪伴，若附近就有猫爬架，它们也会比较愿意使用。

7

猫柜采用外循环式抽风系统，降低室内异味感

　　若空间条件许可的话，猫柜也可以选择外循环式的通风设计。其做法是在猫柜和室外天花分别设置一台抽风机，抽取猫柜异味的同时排放到户外，可以有效降低室内猫砂、猫尿等异味，并让悬浮于柜中的猫毛不易飘到室内。若室外天气比较凉爽的时候，也能反向将室外空气抽入柜中做循环，搭配温度湿度计随时监测，让柜内达到最舒适状态。

摄影 – 叶勇宏　空间设计 – MOMOCAT摸摸猫

8
小门加锁更安全

　　如果想在猫柜留扇小门方便猫咪进出，建议洞口高度离地15cm，这个高度刚好约是猫咪胯下的高度。洞口直径至少15～20cm，最好以20cm为佳，这是最舒适的尺寸，并需注意门板材质不宜太重，否则猫咪不好推开。小门可以加上一道锁，方便饲主在必要时把门上锁，完全隔离猫柜内外。

KEY 2

CAT'S ROOM

独 立 猫 房

KNOW HOW
设计元素解析

所谓猫房，即为在一个独立房间或柜体内放置所有猫咪会使用的器具，像是水碗食器等。独立猫房多用于饲主外出，需要将猫咪的活动范围限制在一定的区域内，或是多猫家庭需要隔

图片提供／尔声空间设计

1. 猫房宜在采光良好、与家人互动良好的区域

在做装修设计时，多半会先将客厅、餐厅、卧房等主要空间设计完后，再去考虑猫房的位置，像是储藏室或后阳台，但往往不一定会是符合猫咪习性的区域。建议规划时将猫咪和家人的需求一起考虑，猫咪一般都充满好奇心，可将猫房安排在邻近窗户的地方，让它们能眺望户外风景，但配置时要注意日照时间和阳光射入范围，避免屋内温度过高，猫咪会承受不住。另外，猫咪多半喜欢观察家人的行动，建议也可配置在客厅、书房之类的公共区域。

离的情况。因此设计时需要考虑到是否有足够猫咪活动的空间、猫咪数量和空间的比例是否适当、通风是否顺畅、是否有放置猫砂盆和食器的空间等。

专业咨询－里心空间设计、MOMOCAT摸摸猫

摄影－Amily 空间设计－SKY拾雅客室内设计

摄影－Amily 空间设计－SKY拾雅客室内设计

2. 猫房、猫柜内部的空间规划

猫房大致可分成两类，一是留出一个小房间给猫咪使用，二是设计成柜体，将跳台、猫砂盆整合在一起。相较于猫柜的设计，猫房的空间较大，较不压迫。而猫柜的设计就须特别讲究，由于一天当中猫咪可能会有很长一段时间待在柜内，因此需特别注重通风和散热问题，而且踏阶到猫砂盆路径需顺畅，避免产生死角或是踏阶高度不足难以通行的情况。

3. 窗户加装防坠设计

有些聪明的猫咪会开窗，所以如果猫房有对外的窗户，则建议加做防坠落设计，可利用常见的儿童防坠锁，让窗户只能开启一定宽度，猫咪便无法钻出去。另外，可安装固定纱窗，使之无法开启，但若有会破坏纱网的猫咪，则建议选用不锈钢的纱窗材质，这样既能维持通风效果，又能顾及安全。

摄影－Amily　空间设计－SKY抬雅客室内设计

摄影－Amily　空间设计－只设计·部

4. 避免在墙面使用壁纸、壁布

常常看到壁纸、壁布遭到猫爪的攻击，建议墙面选用光滑的材质，像是直接上漆的墙面、烤漆玻璃、镜面、美耐板等材质，都比较耐刮防脏。有时墙面会使用实木皮做装饰，建议选择硬质的木皮，像是榉木、铁刀木，应避免使用杉木、梧桐木等较软的材质，这是因为猫咪在忘我玩耍时可能会伸出爪子，若是木质较软就容易产生抓痕。

5. 选用耐抓、好清洁的地板

太光滑的地板对猫咪来说没有抓地力，反而对它们行走造成困难，想要好清洁，又能让猫咪行动自如，可选择耐磨地板和PVC塑料地板。耐磨地板非常耐刮，经得住猫咪的抓挠，清理也很容易。另外，若是猫咪会乱尿尿，建议使用抛光石英砖，或是无接缝的地板像是水泥自流平等，但不要选择实木地板、PVC地砖等，因为在接缝处很容易残留味道。

摄影 – 叶勇宏　空间设计 – MOMOCAT

摄影 – Amily　空间设计 – 拓朴本然空间设计

6. 板材做好收边

若是猫咪有喷尿或是上厕所习惯不佳的情况，那么，不论是猫咪使用的踏阶或是柜体，都建议选择像是美耐板这种好清理的材质。除了利用防水板材，同样要注意猫咪会接触到的板材切割面的收边要圆滑，并且尽量避免过于尖锐的设计，不会卡毛的同时也保护猫咪们在钻进钻出时不受伤。

7. 电线和窗帘绳需妥善藏好

猫咪天生对于长条绳类的物品很感兴趣，若猫房或猫柜当中放置电动饮水器、电扇，或装设窗帘，则要注意电线、拉绳一定要收好，不要垂落到地面，以免小猫不小心被窗帘绳绞住窒息，或是采用配有窗帘拉棒的百叶窗来降低事故发生的机率。另外电线则可以利用电线收纳盒来收整，保护电线不被咬坏。

摄影－Amily 空间设计－本程设计 MID

图片提供－尔声空间设计

8. 搭配玻璃门板更好清理

在考虑猫咪活动与清扫问题时，门板建议不要使用难清扫的格栅与不耐用的亚克力，而是采用好清理又耐用的玻璃门。玻璃材质可以透过大量阳光，不仅可以做到纯天然杀菌，也会让猫咪充分享受日光的照抚。同时建议采用双开门的设计，门板全开的情况下，内部脏污便能无所遁形。另外，层板、柜面的接缝处可打上玻璃胶，不让猫毛灰尘卡入。

9. 猫柜尺寸至少要达到长约90cm，宽60cm

一般猫柜多为爬架＋猫砂柜的复合设计，整体高度建议在180～220cm，宽60cm左右，这是一般成人伸手即可清理的高度和深度。下方的猫砂柜则需要45～50cm高，猫咪上厕所时才不会撞到头。整体宽度则需考虑容纳的猫咪数量，若是一只猫，建议90cm长左右，若是有两只猫，猫柜宽度则应加大至120～150cm，与一般衣帽间差不多。

摄影 - Amily　空间设计 - 虫点子空间设计

摄影 - 叶勇宏　空间设计 - MOMOOO内装

10. 猫柜内部建议设计S形动线

空间有限的猫柜中，饲主需要站在猫咪的角度设计猫砂区的出入口以及踏阶的尺寸，确保对猫咪来说不会感到狭窄。从猫砂区往上跳入踏阶区时，出入口的上方应留出至少30cm的高度，避免跳进跳出时会撞到踏阶。另外，踏阶的位置应采取左右交错摆放，形成S型的动线，猫咪才能有跳跃的空间。

11. 猫砂柜的尺寸至少需达到宽55cm、高50cm

一般市面上的猫砂盆尺寸约在30cm×40cm左右，因此猫砂柜的设计建议不要做得太紧凑，放入猫砂盆后，前后需留有5～10cm间隔为佳。这是因为每只猫上厕所的习惯都不同，若是做得太紧凑，则有的猫咪会不喜欢上厕所。因此猫砂柜的外尺寸宽度最好为60cm，内尺寸宽度约55cm（扣掉前后层板的宽度），高度为50cm，以不顶到头顶的尺寸为佳。

图片提供－尔声空间设计

摄影－叶勇宏　空间设计－MOMOCAT摸摸猫

12. 猫砂盆的入口需离地约10～15cm

一般的猫砂盆都有一定的高度，约为10～15cm左右。所以若从外部进入猫砂柜时，开洞的位置需要离地面约15cm。另外，洞口的直径也不能太小，约需15cm。因为洞口开得太小、太低，猫咪进出都会受阻。若贴地开洞的话，建议洞口高度达到25cm最好。

13. 猫砂柜门板收入柜框

规划猫砂柜时，切记要把门板**收**在柜框内，而不是**盖**在柜框上，否则猫砂颗粒会容易从门片和柜子底板之间的缝隙掉出来，造成清洁的负担。门板五金采用可180°开启的铰链，即使打开门板也不会阻碍走动。柜子内部的铰链等五金也容易被猫尿锈蚀，因此建议可将铰链做在外层。有些设计还会为猫砂盆做抽屉，原意是想抽拉方便，但实际使用后会发现抽屉滑轮容易被猫砂卡住，反而很难清理，又容易损伤滑轮。

撮影 – 叶勇宏　空间设计 – MOMOCAT摸摸猫　撮影 – 叶勇宏　空间设计 – MOMOCAT摸摸猫

14. 加装轮子好移动，但需注意稳定性

若想在猫柜下安装可移动的轮子，则需要注意柜子整体的稳定性。一般建议较宽的方柜使用比较合适；若是窄柜，加装轮子容易造成不稳定的情形。如果因使用考虑非做不可，可以选择方向固定的直轮，并且要靠墙面摆放，确保稳定性，以确保猫咪使用时的安全。

15. 猫柜底座要垫高

猫柜下方底板一定要离地，可以利用防水垫片、脚架、轮子等进行垫高，以防猫咪若有呕吐、喷尿或上厕所习惯不佳的情形，使水分渗入底板无法蒸发，导致板材泡水损毁或底板五金锈蚀等问题。尤其当家中有多只猫咪，易有撒尿做记号、争抢地盘的情况，更容易发生类似情形。

CASE 1

串联上下楼层，
让猫咪可以随兴玩乐

文－王玉瑶　空间设计暨图片提供－里心空间设计

HOME DATA　**坪数：** 28坪[1]　**格局：** 玄关、客厅、餐厅、厨房、主卧、猫房　**家庭成员：** 夫妻、3只猫

郭先生和郭太太夫妻俩是标准的猫奴，养猫像养小孩的俩人，希望打造出一个适合猫咪生活的空间，因此找来设计师，将老房子进行翻新，完成一个让猫咪和他们住起来都舒适的理想家。

① 书中的"坪"为面积单位，1坪约为3.3平方米

要重新装修几十年的老房子，郭先生和郭太太表示完全是为了家里的3只猫咪。一般人对猫咪的印象大多是活动力不强，不需要很大的空间，但夫妻俩却认为，猫咪和人一样，不只应该生活在宽阔、可自由活动的环境，也需要可以享受独处的角落，因此为了创造出可以让3只爱猫舒适生活的空间，两个人决定将住了几十年的老房子重新装潢、整修。

暗藏巧妙设计的简约猫房

由于老屋是狭长户型，空间局促且通风不佳，所以猫咪很难住得舒适，也缺少自由活动空间。为了达到以猫咪的舒适生活为主的目的，设计师选择采用开放式空间设计，选择拆掉一楼所有隔墙，将狭长型空间制造出开阔感，让通风问题也得到改善。最重要的是，让进入空间深处的光线化解原来采光不足的问题，猫咪在室内也能晒到太阳。

一切设计皆以家里的3只猫为主，房主当然也为它们准备了一间专属猫房，不过过去二楼因为一楼的挑高设计，可利用的坪数只有一楼的一半，为了扩展使用空间，设计师将原来挑高处重新设计，并规划为兼具主卧与书房的复合空间，而原来的房间则顺理成章作为猫房。

猫房设计尽量简单不过度复杂，主要利用蓝色墙面带出活泼感，采用触感舒适的杉木作为主材质，为顾及猫咪跳上跳下的安全性，特将猫台阶、跳台、猫道等依主墙而做，同时巧妙形成一些隐蔽角落，让猫咪们可以自由找出一个能够放松窝着的专属位置。

制造乐趣的动线设计

狭长空间选择以开放式空间做规划，不仅营造了开阔感，也增加了猫咪更多活动空间，墙上用木制猫跳台和铝制风管做结合，创造出有趣、多样化的垂直行走动线。

猫屋
设计
解 析

11425
1310　980　120　1985　1420　2540
706
706
3405
600
621
D350
562　1260　D350
325　D350　340
864　1041　588　300
361　719　D350
213　D350　745　445　300　D350
550　1171
D250
D350
2225　4400　600
920　7225
12470

🐾 **猫屋背墙** 283cm×240cm（宽×长）
🐾 **踏阶尺寸** 35cm×40cm（宽×长）
🐾 **建材** 杉木

猫道设计/预留可调头的宽度

猫跳台宽一点虽然更方便猫咪行走，但仍需考虑居住者的空间视感，因此跳台宽度做至约30～40cm，不影响空间感的同时，也预留了足以让猫咪调头的舒适尺度。

猫道设计/双动线的上下设计

考虑猫咪走在猫道时大多不会后退，所以设计猫道时可以采取由大门口一路向上，至屋内后再逐渐向下的方式。同样的，也可从内向外设计，务必规划出一条路径可双边进入，照顾猫咪的习性，另一方面也可避免家中3只猫咪在猫道上"堵车"。

猫道设计/加强猫道承重力

由于猫道长度较长，因此在末端与中间位置增加支撑结构，由此可加强猫道承重力，就算猫咪跳上跳下瞬间加重力道，也不用担心猫道有断裂问题。

猫房设计/各据一角的闲适猫窝

以阶梯、跳台及猫道构成猫房主要设计，动线刻意高高低低，保证猫咪走跳的新鲜感。同时也运用箱型空间，制造出可让猫咪安心窝着的角落。

猫道设计/串联上下楼的猫咪专用通道

一楼墙面的跳台设计，同时也是可以从一楼通往二楼的猫道设计。二楼
的开口在极具隐秘性的卧榻下方，满足猫咪喜欢躲藏的习性。

安全防护/开口加工确保安全性

由于铝制风管为金属材质，因此在开口处设计师特别采用外折收边，确保四边切口不会因为过于锐利，而伤到在里面走动、玩耍的猫咪。

安全防护/落地纱窗卡住沟槽，防止坠落危险

书房的窗户是猫咪们最爱的观赏区，为了防止猫咪开窗发生坠落危险，将纱窗卡在沟槽，让窗户只能开一边。

猫窝设计/隐秘小洞成为最佳躲藏地点

楼梯下方刻意挖出的小洞原意是用来置放猫砂盆的空间。但实际使用时发现猫咪更爱在此处"躲猫猫"，如今便成为猫咪最佳的躲藏处。

安全防护/可自由进出的猫洞

采用少见的以横拉设计的猫门，一方面当主人不想让猫咪进来时，可防止它们打开门，另一方面也解决可能会因为门板过重，让猫咪无法推开门片或者卡在中间的窘境。

CASE 2

各据一方，
又可自由穿梭的"双猫屋"

文 – 张景威　摄影 – Amily　空间设计暨部分图片提供 – 虫点子创意设计

HOME DATA　坪数：22坪　**格局：**玄关、客厅、餐厅、厨房、猫房、主卧、客房、卫浴、储藏室　**家庭成员：**夫妻、小孩、两只猫

Elena夫妻有着可爱的孩子与两只爱猫，在设计新家时，房主认真将猫咪的特性与习惯与设计师讨论，并画上简图示意，希望能打造与"毛小孩"的幸福家。

这间22坪的老屋原始屋况是贴满了泛黄的壁纸，堆积了大量木制家具，原本就不宽阔的空间，显得更加沉重与阴暗。因此设计师在重新规划时，就尽量开放公共空间，将原本的厨房墙面拆除，利用吧台、餐桌椅与沙发，将原有入口旁边的餐厅隔为储藏收纳空间。

　　房主Elena养了两只猫，因为猫咪个性活泼，所以外出时都会将猫咪关在猫笼里，但在新家设计时，则更希望能专门为毛小孩规划出专属的猫房空间。因为原本室内空间就不甚宽阔，因此设计师将猫房与储藏空间整合，并以不同面向的门片满足所有的需求。

猫房设在动线必经处，融入家庭不孤单

　　通过大门进入室内，为了避免客人进门后对整个居室一览无余，玄关处延伸一个鞋柜，搭接一座腾空木制平台，成为进出的穿鞋区，同时这个缓冲区也放置猫粮与猫抓板，让猫咪能够恣意游走其中。在方正的优质格局下，打开封闭的厨房，与客厅、餐厅串联，公共领域更显宽敞辽阔。

　　靠近餐桌的转角处，设计师依照房主的要求打造一处木制猫房，也因为猫房的概念就像设计一间夹层屋一般，在动线的规划上必须很了解猫咪的习性，因此Elena认真地将家里两只猫的特性与习性记录下来，并交由设计师做完整规划，让猫咪能够尽情在空间里嬉戏，又不影响房主的生活动线。而家具选用上，房主也是十分担心猫咪乱抓乱挠，但定制的猫抓布沙发款式又不能满足喜好，因此喜欢无印风格的Elena特地到无印良品的门店询问是否有耐猫抓沙发，幸运地找到了合适又喜爱的款式，让家中风格更为一致。

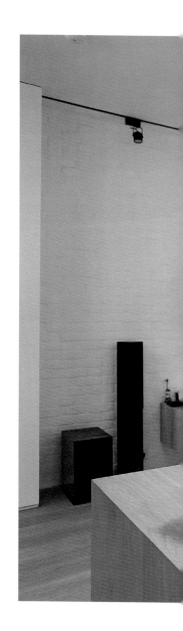

拆除隔间，整合公共领域
破除餐厨隔间，与客厅串联，留出宽敞的生活空间，让毛小孩可以自由奔跑跳跃。

猫房设计解析

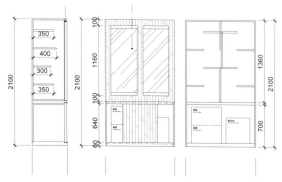

🐾 猫柜 长120cm、高210cm、宽60cm

🐾 踏阶尺寸 宽30～40cm

🐾 建材 木纹美耐板

猫砂柜设计/让猫咪躲起来大小便

饲主外出的时候，为了避免两只猫在家里捣蛋，因此会将猫咪锁在猫柜之中，虽然家中有阳台，但因空间狭小不适合摆放猫砂盆，因此在猫柜右边挖洞，下方摆设猫砂盆，左边则收纳其他猫咪用品。

猫房设计／多用途的收纳猫房

有别于一般猫柜做大面玻璃窗的设计，
这里则是与侧边的储藏室做整合，乍一
看有如收纳柜一般，将来如果猫咪情况
有变化，也可将其转换为收纳空间。

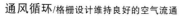

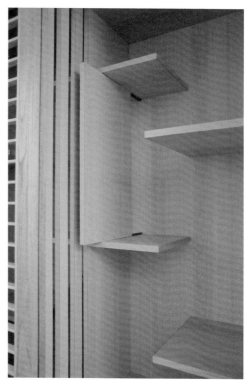

通风循环/格栅设计维持良好的空气流通

猫柜内的层板要考虑到猫咪的尺寸，让猫咪在猫柜中也能自由自在地跳跃、玩耍，而主人外出可能需长时间将猫咪关在猫柜中，门板的格栅与通风设计可完成良好的空气交换。

独立设计/中央隔板可随时移动，确保猫咪有或独立或开放的空间

两只猫咪有时候会闹小脾气，所以为了让两只猫咪保有独处空间，特地将猫房中间做抽拉开合设计，可自由调整，让猫咪拥有小单间。

饮食设计/专属饮食空间，培养进食好习惯

入口玄关处为了避免目光直接穿透，设计了可挂外套的柜子做隔挡，并于中间设计层板，平时可做穿鞋椅，而后方的缓冲区则放置食物与水盆，让猫咪能够自由于此进食。而客厅的沙发则是特地到无印良品门店挑选了不易被猫抓坏的材质。

材质挑选/严选猫抓板，保护木制家具

因为室内大多是木制家具，为了不让猫咪到处乱抓，因此特地选购了猫抓板。在这里也提醒大家，因为猫的磨爪行为一部分是为了展示自身的威严，因此可将猫抓板放在显眼处，并选择易抓款式。

CASE 3

打造专属卧寝，
温馨又体贴的猫房设计

文－王玉瑶　空间设计暨图片提供－达圆空间设计

HOME DATA 坪数：70坪　**格局**：玄关、猫屋、长辈房、客厅、餐厅、厨房、主卧、男孩房、女孩房、卫浴×4　**家庭成员**：长辈、夫妻、一儿一女、3只猫

房主夫妻喜欢朴实简单的生活，特别偏好带有自然元素的乡村风，因此希望将这样的风格带进家居空间，借此打造出一个和3只猫咪开心生活的家。

这是一栋约70坪的3层楼，由于空间相当充裕，所以拥有3只猫的房主，理所当然地为自己的爱猫们打造了一间专属它们居住的猫房，让精力旺盛的猫咪们平时可以在整栋房子到处玩耍，到了睡觉时间，也能有一个专门睡觉的温暖小窝。

充满细腻设计的温暖猫窝

一楼是长辈们居住的空间，考虑到长辈们更需要安静的空间，因此将在一楼的猫房特别安排在有自然采光的前院，借此可确保长辈房的宁静需求；且猫房临近楼梯，也方便猫咪们可以爬上楼梯直接上到平时作为主要活动区域的2、3楼。

整体空间以乡村风为基调，因此使用了大量复古砖，虽然瓷砖在清洁上更便利，但对猫咪们来说太过于冰冷坚硬，所以猫房地板以较为自然又触感温润的实木贴皮板作为主要材质，而且为了避免空间的封闭狭隘感，采用清玻作为门板，营造通透效果，也方便房主查看。至于专为猫咪们规划的睡眠区与跳台区，则以倾斜角度做连接，让猫咪可以轻松移动。

一般来说，猫房内会预留猫砂盆的设置区域，而通风与清洁问题就是最需特别注意的地方，因此玻璃门板刻意不做到顶，如此便可留出适当开口，确保猫房里的空气能顺畅流通，为了保有隐蔽性与美观性，猫砂盆被收在柜子最下方，采用活动开门设计并规划在猫房外，这样可让房主不用进到猫房，就能轻松清理猫砂盆。

灵活变化的自由空间

采用可推拉的格子门板区隔客厅、餐厅、厨房，门板推起来时，便是一个开阔的大空间。若是需要独立空间或者想阻止猫咪们进到厨房，只要拉出门板，便可轻松阻隔，而玻璃格子窗的设计，又不至于阻碍两个空间的互动关系。另外，拉门上方增设跳板，让猫咪可沿沙发背墙的跳台走动。

猫房
设计
解 析

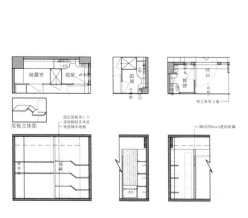

🐾 **踏阶尺寸** 80cm × 45cm（宽 × 长）

🐾 **建材** 实木贴皮、透明玻璃

猫房设计/量身定制的猫窝

利用木材营造猫房的温馨感，也让猫咪有更为舒适的触感。
三层的设计不仅让每只猫都有自己的专属猫窝，还兼具了猫
跳台的功能。

材质挑选/柔软材质增添舒适性

为了避免猫咪在跳落地面时受到冲击受伤，因此选择采用温润的木地板，另外在猫咪睡眠区铺上地毯，增加柔软触感。

跳台设计/跳台设计融入墙面

在沙发背墙的猫跳台一路可延伸至餐厅拉门上，设计师采用与乡村风风格一致的木材，让跳台设计自然融入整体空间设计，而不会让人觉得过于突兀。

跳台设计/是书架也是猫跳台

平时猫咪最喜欢跟着主人，因此将书房的书墙部分隔板向外延伸，并形成一个梯阶，让猫咪可以跳上跳下，陪着主人一起在书房里工作、玩耍。

安全防护/隔板厚度增加安全性

为了防止猫咪在隔板上跳跃而产生危险，因此层板选择2~3cm的厚度且为固定式，完全不用担心跳跃时有断裂的危险。

CASE 4

一猫一房的专属设计，
强调透气设备、防水材料的应用

文－许嘉芬　空间设计暨图片提供－甘纳空间设计

HOME DATA　**坪数：** 19坪　**格局：** 玄关、客厅、餐厅、厨房、主卧、卫浴　**家庭成员：** 夫妻、2只猫

从事平面设计的Tyler和Cindy，两人平时喜爱看电影、烘焙，有爱心的两人领养了Cooper和卡布两只猫咪，并希望能给它们一个自在生活的居住环境。

这间视野采光极佳的19坪房子，除了要考虑房主夫妻俩的需求之外，还得兼顾两只爱猫Cooper和卡布的玩乐与居住规划，甚至房主更提出希望未来若有新成员增加也能再腾出一间房。于是，甘纳空间设计决定先以对称落地窗的中间作为电视主墙，如此一来可保留充沛采光，加上通透开放的动线规划，创造出阔大气的空间感。另一方面将玄关至客厅的墙面通过收纳柜整合的方式，创造出第二个预留的电视墙，当书房增加隔间改造成卧室之后，也可使客厅调整，满足使用需求。

从习性、身型为爱猫量身打造的独立猫房

至于Cooper和卡布两只爱猫的玩乐居住空间，更是一点也不能马虎，因为Cooper平时有以大欺小的习惯，因此两猫独享一猫一房的豪华独立设计，里面设备齐全，除了猫砂盆、饮水机设备外，柜体底下则可收纳猫粮、猫砂。除此之外，Cooper因体型关系较难轻巧跳跃，猫跳台也从原本的一字平台更换成如树枝状、易跳上的阶梯，让Cooper可轻松地上下。看似独立的猫房，其实中间柜体也预留小门保有互通的可能，猫房门板则是特别采用折叠门形式，房主外出上班或睡觉时才选择关上，平常就能完全开启收在两侧，让猫咪自由走动。而为了怕猫房过于封闭，设计师也在侧面开设透气孔，搭配全热交换器的使用，让猫房随时都有循环的新鲜空气。

蓝色柜体墙可以调和白色、黑色，除了实质的收纳功能之外，也刻意加入美耐板搭成的猫咪跳台；电视墙上方保留了3格柜子，让Cooper和卡布可自由上下穿梭其间；最顶端则设计如斜坡般的走道，提供猫咪多元化的玩乐形式。

让猫咪自在玩乐的开放客厅区

开放通透的客厅区，是猫咪们最主要的活动空间，不仅有独立的猫房，电视墙、书柜上更添加了猫道与猫跳台设计，让猫咪们拥有舒适的生活环境。

猫房
设计
解析

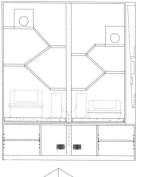

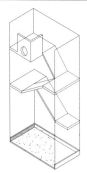

🐾 **猫柜** 宽195cm、高184cm
🐾 **踏阶尺寸** 27.5cm×47cm（宽×长）
🐾 **建材** 人造石、发泡板、美耐板

猫房设计/透气孔+全热交换器，猫房不怕闷

考虑到Cooper有以大欺小的问题，不适合和卡布同住一个屋檐下，紧邻厨房的猫房采取两个各自独立的柜体设计，然而在中间仍预留小门可互通，右侧立面更开设透气格栅，搭配全热交换器的使用，让猫房持续有新鲜空气进入。

猫房设计/防水耐刮材质延长猫房寿命

由于猫咪们平常喜欢去玩饮水机，因此猫房最底部特别选用防水又耐刮的人造石铺设，其他如踏阶、猫房两侧则是选择耐潮发泡板和同样耐刮的美耐板。

猫道设计/可任意穿梭的猫咪隧道

玄关至客厅的主墙不仅整合了鞋柜、储物需求，更加入猫跳台的设计概念，并在最上层的跳台以及第二层柜体侧边开洞，让猫咪们有不同的玩乐穿梭动线，白色跳台同样选用美耐板材质，耐刮耐磨、避免抓出爪痕。

跳台设计/延伸柜体层架变出猫跳台

紧邻客厅的开放书房，在以收纳为主的书柜两侧末端加长，顺势形成猫跳台，给予猫咪更多的玩乐空间，靠近窗边的角落则是给猫爬架预留。

CASE 5

迎向美好阳光，
专为喵星人打造的探险乐园

文－张景威　空间设计暨图片提供－得格集聚室内装修设计

HOME DATA　**坪数：**26坪　**格局：**客厅、餐厅、厨房、书房、主卧、客房、猫房　**家庭成员：**情侣、3只猫

翁小姐与其男友因为深爱着所养的3只猫，因此希望在新房设计时以猫咪为主体，设计成猫咪的探索乐园。

翁小姐深爱着所养的3只猫，因此在搬入新家时，找到得格集聚室内装修设计的谢设计师，希望能以猫咪为主体，将新家设计成猫咪的探索乐园。

一走进室内，北欧风格的设计巧思处处可见，客厅天花板柔和的粉肤色搭配马来漆的墙面展现空间的立体层次，而开放的客厅、餐厅设计令视野更加宽阔，家中3猫的活动也更无阻碍，可伸展成6人用的餐桌则满足家里来客时的需求。此外，翁小姐提到因为外出后担心家具被破坏，但又不忍心将爱猫关到笼子里，因此猫房需求应运而生。

对猫咪无微不至的关爱设计

在明亮舒适的猫房中，设计师根据房主对家中3只猫咪的观察，沿墙面设计猫跳板、可躲藏的空间与可攀爬的猫杆，并选用大面积窗户的设计，满足猫咪喜爱居高临下与爱看窗外风景的乐趣。而因为其中一只猫十分内向，上厕所不愿意被其他人和猫看到，设计师特地将猫砂盆藏在窗边下的柜子里，满足内向猫咪的需求。

走到客厅，房主希望能和爱猫们融洽共处，在电视墙上方局部打洞并以玻璃点缀，趴在层板上的猫咪能望进主卧，随时掌握主人与空间的动态，走至尾端还能躲进猫隧道中和主人捉迷藏，而旁边醒目的鲜黄色树状猫跳台，不仅为家居空间增添活泼气氛，也是贯通上下的趣味猫道。设计师甚至还考虑到宝贝们的用品繁多，利用卧房矮柜的一半空间，改造成收藏抽屉，主要用来收纳宠物背带与各式的猫咪物品。这样一个处处为爱猫考虑的环境，让这3只猫一入住后就爱上，俨然成为猫咪的乐园。

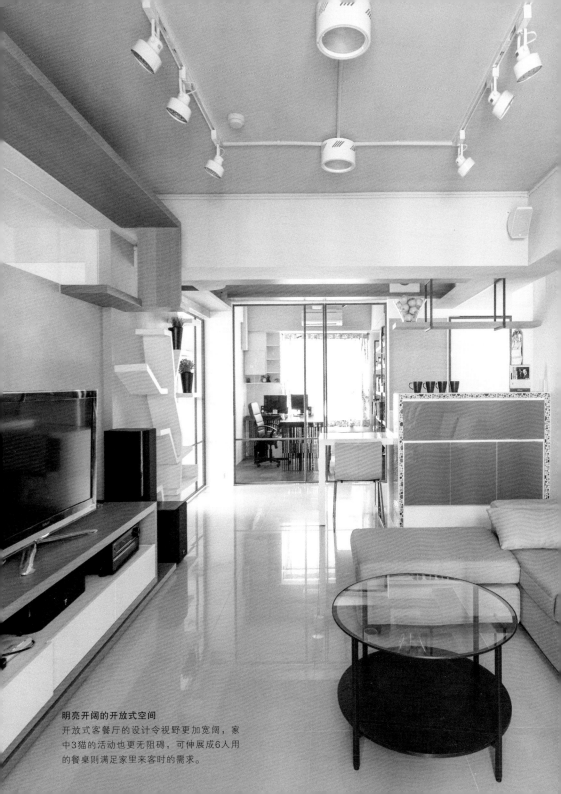

明亮开阔的开放式空间
开放式客餐厅的设计令视野更加宽阔，家
中3猫的活动也更无阻碍，可伸展成6人用
的餐桌则满足家里来客时的需求。

猫房
设计
解 析

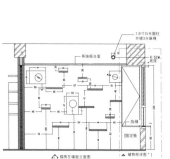

趣味设计/从猫咪视野深入了解实际需求

从猫咪的视野角度进行设计，妥善安排跳台与跳台之间的距离，让猫咪在内部玩耍时也充满探险乐趣。

🐾 **猫房** 空间深度约265cm、高约220cm

🐾 **踏阶尺寸** 长度有25、46、49cm不等；踏阶的上下间距约在40cm。

🐾 **猫箱尺寸** 长宽约在32～45cm上下的立方体，圆洞直径有14、20cm两种尺寸。

🐾 **建材** 美耐板

猫房设计/多功能设计，满足猫咪生活需求

考虑到外出时，猫咪可能会对家具进行破坏，但又不忍心将猫关至猫笼，因此特别隔出一间房间作为猫房。沿墙面设计猫跳板、可躲藏的猫箱与可攀爬的猫杆，并选用大面积窗户的设计，满足猫咪喜爱居高临下与爱看窗外风景的乐趣。

猫砂柜设计/量身定做的猫厕
其中一只猫因为较为内向，不喜欢如厕时被人或其他同类看到，因此设计师将窗下的空间设计成矮柜放置猫砂盆，满足内向猫咪的需求。

猫道设计/玻璃打造无死角视野

为了让视野没有死角，电视墙上方局部打通并以玻璃点缀，趴在层板上的猫咪能望进主卧室，随时掌握主人与空间的动态。

跳台设计/鲜黄跳台满足好奇感

鲜黄色树状猫跳台，不仅为家居空间增添活泼气氛，也是贯通上下，让猫咪能探究每一处的踏阶。

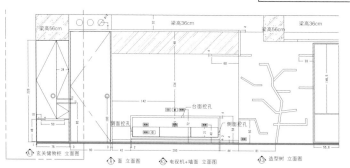

🐾 **踏阶尺寸** 猫踏阶离天花板的距离约32cm。经过梁下的踏阶，与梁体距离约20cm。深度有25、54cm两种尺寸。

🐾 **建材** 美耐板

猫道设计/猫隧道满足安全感

位于电视墙上方可以钻洞的猫隧道，让猫咪十分享受在里面钻来钻去的乐趣，这个隧道可以从洞中偷看主人与伙伴的动静，让猫咪充满安全感。

收纳设计/适宜的踏阶设计

设计师考虑到3只猫宝贝们的用品繁多，利用卧房矮柜的一半空间，改造成长抽屉，主要可用来收纳宠物背带与各式的猫咪物品。

CASE 6

工业风家中的VIP猫房

文－张婷威　空间设计暨图片提供－浩室空间设计

HOME DATA **坪数：**42坪　**格局：**玄关、客厅、餐厅、厨房、书房、主卧、更衣室、客房、卫浴x2、猫屋
家庭成员：夫妻、2只猫

王先生与王太太在新婚之际，带着两只爱猫搬到重新装修后的家，设计师按照房主对于生活的向往与两只毛小孩的需求打造出独一无二的工业风家。

历经三十多年春秋轮转的老宅，在王先生与太太新婚之际，被浩室空间设计重新改造，设计师依照建筑原始条件型塑出工业风格住宅，调整原来因楼梯隔挡而显得狭窄阴暗的客厅，延揽日光入内令全室透亮，并搭配单品灯具与家饰的点缀，使工业风格更显突出，而在替老宅重塑新样貌的同时，也考虑到家中两只毛小孩的需求，设置专属的**毛小孩房**。

打造喵星人的专属"小孩房"

当一走入客厅，所有目光都被橘红色砖墙吸引，设计师将不需要的隔间拆除，开放式客餐厅通过大面百叶窗采光，打造室内明亮的视觉感，电视墙采以灰绿铺底，与红砖形成色调对比，相映成趣。而电视墙下方藏有猫咪的秘密通道，可直接通往玻璃门后的猫房，门板刻意做成斜角造型，增添立面的设计层次。猫房中嵌以高低交错的猫跳板与可躲藏的猫箱，令两只有点怕生的爱猫可在其中恣意玩耍，下方则放置猫砂盆，上方装有通风设施，减少异味滞留。

定制沙发选用不易被抓坏的布料，而百叶窗边具有律动层次的猫跳台延伸向上，让猫咪可以看到最好奇的户外景致，成为家中两只毛小孩最爱的驻足之地；原本沙发上方的结构梁，也变化成猫咪的空中走道，家中每一处都有着为喵星人设想的痕迹。

餐厅不做吊顶，维持原有高度
为避免压缩到空间高度，餐厅刻意不做吊顶，以明管拉线，展现粗犷氛围。同时餐厅与玄关之间以推拉门区隔，让光线得以透入，不显阴暗。

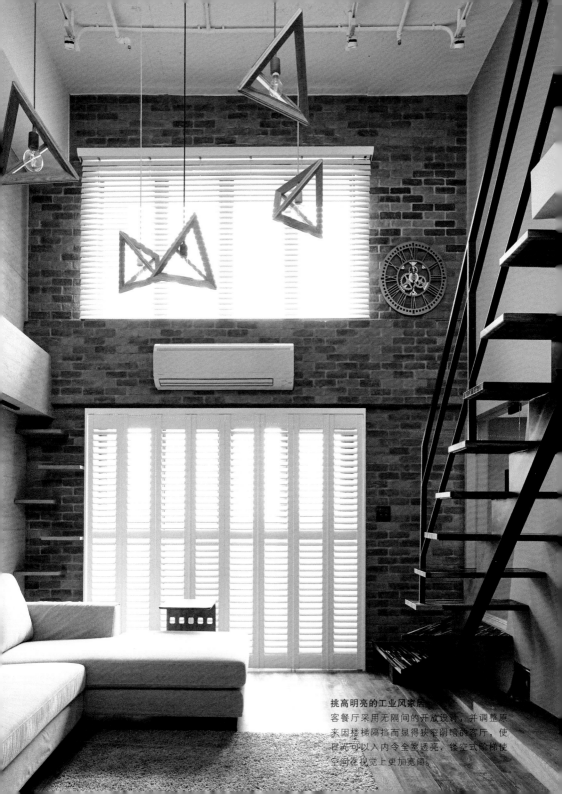

挑高明亮的工业风家居
客餐厅采用无隔间的开放设计，并调整原来因楼梯隔挡而显得狭窄阴暗的客厅，使日光可以入内令全室透亮，镂空式阶梯使空间在视觉上更加宽阔。

猫房
设计
解 析

猫房设计/宽敞空间令毛小孩恣意玩耍

猫房可经由玻璃门进出，门板采用不规则梯形造型，增添住宅的设计层次。而猫房之中设置高低交错的猫跳板与可躲藏的猫箱，两只爱猫可在其中恣意玩耍，主人不在时也不用担心。

🐾 **猫房背墙** 宽110cm，长350cm
🐾 **踏阶尺寸** 宽20cm，长30cm
🐾 **建材** 木纹美耐板

家具挑选/定制专属沙发，杜绝猫咪抓破沙发的情况

磨爪是猫咪的天性，它们需要磨利前爪来猎捕食物，并利用磨爪的痕迹来展示自己的权威，因此在选择家具时，特别选用耐抓布料的定制沙发，以避免猫咪的破坏。

猫道设计/结合猫跳台、窗景与结构梁，打造喵星人的最爱场所

窗边的猫跳台延伸向上，猫咪可随时窥探户外景致，成为家中两只爱猫最爱的停留之处。而原本沙发上方的结构梁也沿着层板，变化成猫咪的空中走道。

猫门设计/双入口设计自由进出

猫房除了可由玻璃门出入，在阶梯下方也设有猫道，让猫咪可自由进出。双入口的设计，可避免房主须随时起身帮毛小孩开门的情况。

CAT'S STEP SHELVES & DOOR

猫 走 道 & 猫 门

KNOW HOW
设计元素解析

我们经常可见运用层板、铁艺等元素，设计出让猫咪能够在室内上方来去自如的走道。设计时需考虑动线、尺寸和材质，是否会走到一半在半路卡住或是撞到；同时需适时做出隐蔽的

图片提供 – 丰墨设计

1. 走道位置宜避开餐厨区

　　设在墙面的猫走道虽然不会占据太大空间，但设置的位置相当重要，建议设在客厅、书房等公共区，不但能和主人互动，也能随时让猫咪观察家庭成员的行动。若是设在餐厅或厨房，脚掌中的猫砂或是猫毛就有可能会掉落在饭菜中，甚至有些好奇心重的猫咪会靠近厨房炉火，而产生安全的隐患。

角落以供猫咪躲藏，却又能让饲主抓得到。另外，相信大家都有被猫咪召唤开门的经验而在门上安装猫门，然而猫门开启的方式、安装位置和高度，也是有学问的，必须用对材质、做对尺寸，否则猫咪可能会避而不用。

专业咨询 – 里心空间设计、MOMOCAT摸摸猫

摄影 – Amily　空间设计 – 凯朔室内空间设计

摄影 – Amily　空间设计 – 里心室内空间设计

2. 有始有终的双动线设计

一旦踏上猫走道，猫咪通常会一路向前不懂得转弯，除了加宽层板让猫咪有转身的空间外，最重要的就是设计有上有下的双入口动线。另外，若空间的水平宽度不够，无法设计双动线时，建议设定一个转角，让猫咪可以调头，而转角处和终点的踏阶深度则应该要在30～35cm左右才够。

3. 单一猫箱最少需有60cm宽、40cm高、30cm深

猫咪坐下时，屁股占用面积大约为30cm×30cm，高度约40cm，趴下时的长度约60cm，因此若想在猫道上设计一个隐蔽的躲藏空间或是猫箱时，建议设计尺寸应以60cm宽、40cm高、30cm深为基准，再依照猫咪体型、数量和家中可容纳的区域来调整。

摄影－Amily　空间设计－里心空间设计

摄影－Amily　空间设计－SKY拾雅客室内设计

4. 踏阶的垂直间距30～40cm，水平间距约20cm

一般来说，为了考虑猫咪老年后的活动力和跳跃力下降，踏阶之间的高度建议约为30～40cm，水平间距约20cm，即使是老年猫，这样的距离走起来也舒适。另外，踏阶长度最短约可做30cm，深度约为23～25cm，若是想让猫可以趴下休息，则深度需达30cm以上、长度约50cm为佳。

5. 踏阶不重叠面积须30cm×30cm

现在猫咪体型比较大，身长多达40～50cm，坐姿约30cm，若要做猫踏阶、猫跳台设计，须注意在猫咪移动的动线，每一个平台由上往下看的不可重叠面积至少需有30cm×30cm，若踏板面积过小，猫咪移动时的角度就会过直，较难使用。如果是希望猫咪可以坐或躺的休息空间，则建议60cm×60cm比较合适。

摄影－叶勇宏　空间设计－MOMOCAT摸摸猫

摄影－叶勇宏　空间设计－MOMOCAT摸摸猫

6. 猫洞尺寸直径15～25cm为佳

　　一般猫洞尺寸建议为直径15～20cm（以20cm为佳），但若结合上下动线和其他设计的话，如猫踏板、猫跳台、多层猫柜等，建议直径达25cm以上。

7. 封闭式猫道需分段加设开口

封闭式的猫通道最需要思考的是清理问题，要是遇到猫咪乱撒尿或者呕吐时更是头疼，因此在设计封闭通道时，一定要每隔一段距离设置开口，方便清理的同时，万一猫咪躲藏时，饲主也能够抓得到猫咪。建议最佳的间距45cm，才能保持猫走道和环境的卫生。

8. 在柜子或门板上设计猫洞

若想让柜子成为猫咪们玩耍的地方，可在门窗或墙面加开猫洞，引导猫咪到自己的活动范围。开猫洞别忘了测量猫咪的腰围，免得太胖的猫咪进出困难。

摄影－Amily　空间设计－里心空间设计　　摄影－Amily　空间设计－里心空间设计

9. 减少猫门厚度，减轻重量

　　猫门的材质应选用轻巧好推的材质，像是亚克力、塑料门板等，市面上现成的亚克力猫门就很好用。若是猫门材质为实木，则必须减少厚度，让猫门的重量变轻，否则猫咪走到一半门板就降下，容易夹到尾巴，猫咪也会有阴影而不想使用。若想完全避免夹到尾巴，门可改为左右开启的样式。

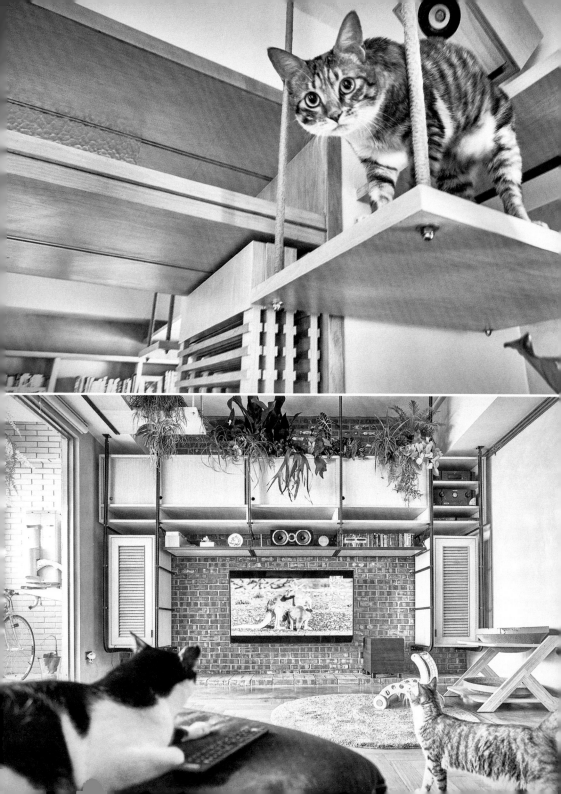

开放的动线规划，
享受3人7猫的无烦恼生活

文－刘亚涵　空间设计暨图片提供－三俩三设计事务所

HOME DATA　**坪数：**34坪　**格局：**客厅、书房、餐厅、厨房、主卧、儿童房、卫浴×2、阳台　**家庭成员：**3人7猫

陈太太为流浪猫保护协会成员，其实一开始并没有养这么多只猫，但在帮助流浪猫咪的寄养过程中，情感的建立让家庭成员不断增加，加上最近新生命的诞生，成了3人7猫的超级大家庭。

与7只猫一起生活会是什么样子呢？其实就像兄弟姐妹之间吵架是家常便饭一样，猫咪数量一多，也很容易发生争吵或是把同伴逼到角落的情形，而猫咪一旦受到威胁或惊吓，家中家具也容易跟着遭殃，为了解决这个困扰，通过适当的动线引导，即可打造出完美无死角的逃脱动线。

回字形动线，无死角串联家中各空间

　　为了创造充足的空间让猫咪和小孩活动，设计团队将这间30年老屋的隔间全部拆除重整，并将私人领域集中于房屋一侧，让客厅、书房、厨房等公共区域，形成以浴厕为中心的完整开放区域，回字形的动线设计串联家中各空间，即便猫咪在争吵过程中被逼迫到角落，也可以迅速逃到另一个区域。最重要的是，这样的格局规划更有助于室内的空气对流，避免多猫容易产生的异味问题。

　　在风格方面，由于夫妻两人偏爱质朴清新的轻工业风格，遂以水泥材质构筑室内基底，再以大量的木质柜体、醒目的红砖主墙及绿色植物来调节整体空间的温度与生命力，公共区域的地面则全以水泥粉光处理，不仅符合设计风格更易于清洁；考虑到猫咪对于垂直动线的需求，设计师在接近天花板处设置了相互连接的猫咪走道，开放式的收纳柜与电视柜则可随时化身上下跑跳的猫踏阶，让猫咪们得以在各空间自在地穿梭、追逐，成为家中最生动有趣的热闹风景。

自然通透的3人7猫客厅空间

红砖、原木、绿植，构筑出自然清新的轻工业空间，通过减少隔间创造出适宜的动线路径，同时引入大量光线、创造良好通风，成为人和猫咪都可以和谐相处的舒适住宅。

猫房
设计
解析

猫洞设计/**确保回字形动线无死角**

除了高处的猫道规划，贴心的猫洞设计提供猫咪另一种脱逃路径，进一步让从上到下的居家动线皆无死角，小巧可爱的外观也为居家空间增添趣味。

猫道设计/保留柜体上下空间，同时满足人与猫的需求

公共区域中的所有柜子几乎都采用不落地设计，避免遭遇猫咪"尿袭"的机会。尤其是客厅的影音设备，放在百叶门的柜子里，既可以保护设备也不影响音响效果。此外，不置顶的柜体设计，拥有置物机能之余，也是猫咪奔跑玩乐的跳台。

猫道设计/45cm猫道，满足7只猫的体型需求

为了家中每只猫咪的使用安全，猫道宽度预留了45cm左右，让家中各尺寸的猫咪都可以放心走动，结合毛玻璃的半开放设计，不仅方便清理也让猫咪能有休息、躲藏的空间。

猫门设计/保护隐私的猫门设计

主卧房门上特别设计了只可出不可进的猫门，公私领域的划分让人和猫不会影响彼此的生活作息，关系紧密但仍能保有各自的空间。

格局规划/开放式厨房规划确保猫咪活动动线

开放式的中岛厨房也是回字形动线的一环，搭配周边的猫道及冰箱上
方连接后阳台的圆形猫洞，确保猫咪前后畅通的活动路径。

材质挑选/水泥粉光地面不怕猫咪的破坏

7只猫咪相处难免会有争吵的时候，虽已确保了动线的畅通，但难保猫咪的情绪与状态。因此，公共区域地面全面以水泥粉光处理，风格营造之余更兼具清洁的实用性，再也不怕猫咪破坏。

材质挑选/结合麻绳的设计，不怕猫咪抓坏家具

猫咪除了走动跑跳外，刨抓也是很重要的日常发泄及磨爪子的需求，为了不让家具惨遭猫爪攻击，设计师在猫咪较常聚集的书房区域，运用了不少麻绳的材质，其中由麻绳缠绕的柱子，不仅符合猫咪站立刨抓的习性，也是玩耍攀爬的路径之一。

安全防护/加装隐形铁窗，让猫咪安心晒太阳

由于夫妻俩希望能给予猫咪最大的活动自由，整个公共区域都是猫咪活动的范围，包含阳台空间，因此在安全考虑上，设计师特地加装更为密集的隐形铁窗，让房主得以放心地让爱猫们踏上阳台晒晒太阳、看看外面风景。

CASE 8

自由跳跃奔跑，
猫咪家族的工业风新居

文－张景威　摄影－Amily　空间设计暨部分图片提供－于人空间设计

HOME DATA　**坪数：** 25坪（含阳台）　**格局：** 客厅、餐厅、厨房、书房、主卧、客房、卫浴×2　**家庭成员：** 夫妻、4只猫

余明璋设计师，是于人空间设计的负责人，年轻又有想法，崇尚现代简约的生活，其个人对设计的风格也体现在住宅空间中，融合现代与工业风格，处处流露细致且独特的生活品味。

这间25坪的新房子，是于人空间设计负责人余明璋设计师与妻子新生活的起点，与由4只猫组成的猫咪家族生活在一起（猫爸妈与两只猫小孩）的他们，在设计时用尽心思，思考如何在有限的空间中既能满足两人与4只毛小孩的生活需求，又能兼具设计师无法摒弃的设计品味。一向擅长现代简约风格的余设计师，因为爱妻偏好工业风家居，因此将两种风格结合，以轻工业作为新居的主要氛围设计。而因有在家中工作的需求，所以设计了一处开放的书房空间，并利用玻璃与可开合百叶门板，令空间开阔并能灵活运用。

展示、收纳、猫咪玩耍兼具的迷宫书墙

一进入大门，连接客厅与书房的巨大落地窗让阳光洒满室内，一片明亮。大门旁的迷宫书墙更是设计亮点，不仅能收纳、展示书籍，更提供让猫咪爬上爬下的功能。层板单面贴上美耐板，不仅防抓耐磨也更好清洁；书墙旁的黑色铁架则结合家中的工业风格，除了摆放物品，也是家中毛小孩的睡眠空间。而电视墙上的结构梁也被加以运用，除支撑结构之外，也是猫咪玩耍的空中走道。

因为设计师有在家中工作的需求，沙发背墙后设置工作区域，并以玻璃间隔令狭小的客厅也可显得宽阔，而百叶折门则可弹性使用，只装设于客厅的空调则可顾全全屋，省电又环保。沙发因为耐抓布料的选项不多，余设计师挑选了即使被猫咪抓也不易发现的灰白色布料，也呼应了家中设计风格。

斜面木墙成为设计亮点
工作室内部设置加大尺寸的单人沙发，在家工作的同时，也能随时放松。而墙面刻意拼贴斜向的木皮，丰富视觉律动，也成为空间中的设计亮点。

弹性隔间打造明亮家居

客厅、餐厅、工作室采用可开合百叶门与玻璃作为隔间的设计，扩大了空间面积，令视觉感受更加开阔。家中拥有4只毛小孩的他们，整合考虑人猫的需求，设计出适合全家人的温暖家。

猫房
设计
解 析

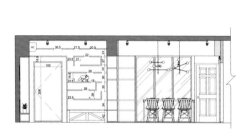

🐾 **踏阶尺寸** 踏阶的间距高度约在22~30cm之间，
水平间距则在19~28cm左右。

🐾 **建材** 美耐板

猫道设计/运用结构梁打造空中走道

电视墙上的结构梁被加以运用，迷宫书墙延伸
至大梁，变成了让猫咪游戏玩耍的空中走道。

材质挑选/书墙兼具猫咪游乐园

大门旁的迷宫书墙是家中的设计亮点，除了能收纳、展示书籍外，更提供猫咪爬上爬下、运动玩耍的场所，且在上层贴上美耐板，不仅防止猫咪抓咬，也方便清洁。

隔间设计/百叶门片的双重用途

当工作或是做菜不愿意让猫咪打扰，或是两边各有客人时即可将湖绿色百叶推拉门拉出，将猫咪暂时隔离出客厅区域；推开时也能让只装在客厅的空调能顾全全屋，省电又环保。

跳台设计/工业风up的毛小孩睡床

在书墙边的4层铁架不仅是工业风的亮点，更是特地为猫咪家族们设置的睡床区域，让想要小歇的猫咪有落脚之处。

隐蔽设计/猫咪的秘密基地

猫咪属于领域性很强的动物，为了保护自身安全，不让敌人发现，会寻找安全的隐蔽地点来躲藏，也是我们常说的**躲猫猫**，百叶柜内留出空间，让猫咪可以充分躲藏，时不时来此处小歇。

家具规划/避开猫咪抓咬的全屋定制家具

家中多半选用全屋定制家具，不仅方便组装、也省时省力，耐磨、好清洁的特性也很适合饲养宠物的家庭。

家具规划/选择抓咬也不明显的沙发布

因为耐抓的定制沙发的选项不多，为了统一家中的风格，客厅和工作室挑选即使被猫咪抓也不易发现的灰白色系的织布沙发，更能统一家中设计风格。

CASE 9

环绕式猫道，
打造360° 猫咪游乐场

文－刘亚涵　摄影－Amily　空间设计－里心空间设计

HOME DATA　**坪数：**32.5坪　**格局：**玄关、客厅、餐厅、厨房、主卧、客房、更衣室、卫浴　**家庭成员：**夫妻、4只猫

王小姐从领养第一只猫咪开始，便陆续共与4只猫结下了缘分。于是在装修新居时，将猫咪的需求列为改造规划的首要目标，要打造成猫咪专属的游乐场。

为了让4只毛小孩都能拥有最自在、无拘束的生活环境，在新居装修时，王小姐夫妻便将猫咪的需求纳入首要考虑，不论是在动线、安全、清洁等方面，皆以猫咪的日常需求作为设计出发点。在格局方面，将原格局大刀阔斧重新规划，合并成完整而开阔的客厅、餐厅公共区域，将最佳的采光与活动空间留给毛小孩们，动线则借由充足的猫道、踏阶与跳台规划，为猫咪量身打造出独一无二的360°环绕式猫咪游乐场。

全室猫道规划，猫咪活动无限制

由于人平时较难使用到上半部的住宅空间，因此将此部分留给猫咪使用，以环绕式U型猫道设计串联客厅、餐厅开放区域，同时规划多个上下踏阶动线，让猫咪不需原路返回，就可以随心情与喜好变更行动路线，并适时在其中加入充满变化的小设计，像是客厅电视主墙上方的猫山洞，让猫咪在享受穿越山洞的刺激之余，也能满足休息躲藏的需求。而沙发上方猫道的玻璃小窗则是王小姐的趣味巧思，让猫咪行经窗口时露出肉垫小脚，为日常增添额外的趣味惊喜。

此外，公寓型住宅更要注意猫咪的安全，尤其是窗户须采用安全锁，纱窗强度也要加强，让猫咪可以放心在窗台享受日光浴的温暖。而为了防止好动的猫咪溜出门外，玄关处更特意加装可锁的玻璃门，严谨的两道关卡设计，避免意外发生。

完整通透的公共空间

将客厅、餐厅公共区域完全打开，完整而通透
的空间布局，让4只毛小孩可以伴随着午后的暖
阳，在屋内尽情奔跑、玩乐。

猫房
设计
解 析

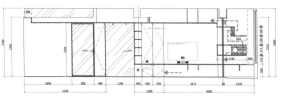

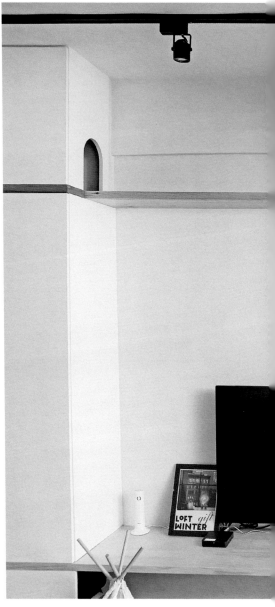

🐾 **跳台背墙** 总宽119.5cm、总高233.5cm

🐾 **踏阶尺寸** 宽30cm

🐾 **建材** 松木实木板、麻绳

猫道设计/可变动的跳台路线,保持猫咪新鲜感
Z字形的动线设计丰富猫的跳跃路径,跳台处设计的可移动方形木挡片,能随时变换路线方向,为动线带来变化,同时也是踏上环绕式猫道的踏阶之一。

猫道设计/垂直麻绳柱体满足磨爪需求
除了给予踏阶额外的支撑安全性,结合麻绳缠绕的猫抓柱设计还可以让猫咪发泄刨抓的欲望,减少家具损坏的可能。

猫道设计/30cm宽的猫道，维持"会车"顺畅度

环绕式猫咪走道一路从客厅的猫跳台延伸至玄关、餐厅，最后
再绕回客厅，360°的动线规划让猫咪随心情来去自如，同时
考虑到猫咪"会车"的情况，猫道宽度特别预留30cm以上，
增加安全性。

格局规划/保留廊道深度，变身冲刺跑道
在格局规划上设计师也考虑到猫咪的直线冲刺需求，确保卧房廊道至玄关处的直线距离足够让猫咪在家中从上到下、由内至外都能尽情奔跑、嬉戏；同时在廊道的中央位置装设猫咪监视器，可随时观察猫咪的健康状态。

猫道设计/留出观察窗口，满足猫咪好奇心
足够的观察视野才能满足猫咪旺盛的好奇心，利用原有的窗户作为猫道端点，让猫咪可以尽情在此向外窥视、晒太阳，也是串联阳台与客厅的通道口。

安全防护/亚克力板缓解猫咪对禁区的好奇

由于安全考虑房主通常不让猫咪进入厨房，厨房上方的长型玻璃窗设计，让猫咪们得以就近"监视"房主在厨房里的一举一动，避免看不到饲主而躁动不安。同时，玄关处多增设一道玻璃拉门，加上安全锁的设计，进出时可先关上玻璃拉门，避免猫咪不慎溜出丢失。

猫门设计/门上的猫咪专属出入口

小巧可爱的猫门让猫咪进出卧房、浴厕也有自己的专属出入口，活动路线更不受拘束。除了可选择镶嵌型猫门，在厕所及猫咪卧房门上特别地开设半圆形猫洞，不仅更贴近家居风格，贴心的门锁设计，更让房主可以视需求开关猫门。

猫砂柜设计/我家有个猫咪居酒屋

为了维持猫砂盆的隐蔽性，除了放置在阳台、电视储物柜等角落处，也可以改变位置，增加独特设计，使家居更有趣味。特制的小型布帘让规划在洗手台下方的猫砂盆，摇身变为别具风格的猫咪居酒屋。

2人2猫世界里的
隐形猫房

文－刘亚涵　空间设计暨图片提供－丰墨设计

HOME DATA　**坪数：**23.28坪　**格局：**玄关、客厅、厨房、工作区、主卧、客房、卫浴×2　**家庭成员：**2人2猫

Hsin和Fanco，好客的两人希望有个能在假日尽情接待朋友的空间，同时也希望能与两只性格截然不同的爱猫——Baron和Annie，用最自然的方式找到彼此相处、对话的最佳状态。

由不经修饰的混凝土、OSB板、红砖、原木所构筑出的工业风空间，强烈的风格下似乎看不到与猫咪相关的设计痕迹，直到一抹黑影跃过，一张可爱的猫脸从墙上冒出正盯着你，柔软的身影似乎也软化了空间的线条。原来设计师早就帮这两只猫咪规划好藏匿的角落，在客人来访时先占据最佳的制高观察点。

房主不希望刻意划分人与猫的生活界线，所以在居住空间中看不到显眼的猫屋与猫道设计，而是将猫咪的生活动线巧妙融入在全屋当中，并透过材质的选择，创造猫咪友善型的环境。

人＋猫的双重机能规划

好客的房主时常邀请三五好友来家中聚会，开放式的设计连接客厅、中岛厨房及工作区，搭配可移动的家具，让房主得以应付各式大小的聚会。为了让害羞内向的白猫Baron在客人来时能有个安心的藏身之处，设计师巧妙地将猫道与客厅上方的置物柜结合，可移动的柜格前后交错摆放，利用错动的柜体设计为Baron创造绝佳的隐身观察点，不知何时探出的小脑袋也可成为宾客来访时的意外惊喜。

至于猫咪需要的垂直动线，也不一定要使用醒目猫咪专用跳台或踏阶，利用铁艺、高低木箱及玻璃展示柜打造的书柜，摆放上房主的书籍及珍藏，形成极富个性的空间端景，也可以变身为极具趣味性的阶梯跳台，让活泼好客的黑猫Annie，可以上下跑跳地迎宾、玩耍。运用巧妙的设计和规则，即可完整串起2人2猫的生活动线，让房主与个性截然不同的两只毛小孩，都能在家中找到最舒适的生活方式。

巧妙融合人猫所需的空间

虽不刻意营造出猫房的样子，但是细至材质的选择也表明随处都在为毛孩子着想，像是选用松木板取代常见的贴皮板材，增加摩擦抓地力，钢板则采用水纹漆的烤漆手法，特有的龟裂纹路除了增添额外细节质感，猫咪也较不容易打滑。

猫房
设计
解 析

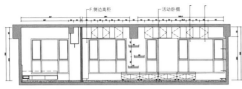

🐾 **天花通道** 总长约505.5cm、离天花板距离65cm、宽度60cm

🐾 **踏阶尺寸** 长60cm、踏阶高度间距为45cm、60cm两种尺寸

🐾 **建材** OSB板、铁艺、玻璃

猫道设计/错落柜子的S型隐藏飚车道

天生的习性让猫咪喜欢躲在狭小空间中，尤其是胆小的猫咪，更需要能藏身又可观察的隐藏据点。设计师利用收纳吊柜的前后错落设计，为胆小的Baron创造了藏身之处，同时S型的猫道，也让猫咪行走其中时多了趣味。

跳台设计/双动线不怕走投无路

猫道的规划最怕让猫咪陷入无路可走的窘境，只能在原地"喵喵"呼叫等待主人救援。所以设计师在动线规划上，巧妙利用电视墙与梁下的钢板置物层架，随时化身猫咪的上下踏阶，塑造出机动的双动线，不怕猫咪走投无路。

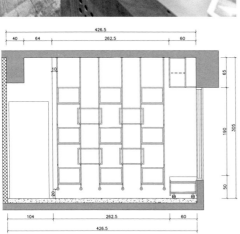

猫道设计/凹凸柜体打造另类猫咪跳台

位于公共区域彼端的开放性展示书墙，由长宽不一的木箱及玻璃展示柜组成，每个木箱皆可随意上下、前后移动。符合猫身材跳跃高度的柜体，构成具有丰富变化性的猫咪跳台，一跃即可跳上**躲猫猫走道**及一旁刻意加粗的装饰铁管，增加动线乐趣。

🐾 书柜尺寸 宽262.5cm、总高305cm

🐾 木箱尺寸 50～60cm×20cm×35cm

（长×宽×高）

🐾 建材 OSB板、铁艺、玻璃

安全防护/电线管线收至高处，不让猫咪误触

Hsin和Fanco喜欢用投影机观影，遂将不希望让毛小孩触碰的影音电器或管线等收纳至天花板上的网架，与猫走道、跳台保持适当的距离就不需担心猫咪误触的危险。

猫砂盆设计/隐藏在沙发下的猫咪厕所

猫咪喜欢在隐蔽且固定的地方上厕所，因此除了在家中角落设置符合家中风格的木制猫砂盆外，设计师也特别在OSB板沙发基座中设置额外空间，可以摆放猫砂盆，也是毛小孩藏身玩乐的小角落。

家具规划/窗边卧榻享受午后的暖阳

暖洋洋的窗边是猫咪休闲时最喜欢驻足的地方，为了能与心爱的猫咪一起晒太阳，特别在窗边规划一整排的卧榻，人可以坐卧看书、休息，同时也是毛小孩最爱的晒太阳角落，猫咪更可以顺着百叶窗的角度观察楼下窗外动静，满足好奇心。

材质挑选/木纹砖既统一了风格又方便清洁

全部开放的公共区域，让猫咪Baron和Annie可以在家中自由自在地穿梭、行走。猫咪嬉戏玩闹难免会刮伤家具或地面，因此可采用木纹砖取代木地板，不仅维持整体家居风格，而且耐刮又好清洁。

CASE II

把猫咪融入你的生活

文 – 王玉瑶　空间设计暨图片提供 – 里心空间设计

HOME DATA　**坪数:** 17坪　**格局:** 玄关、客厅、餐厅、厨房、主卧、书房　**家庭成员:** 夫妻、1只猫

曹先生夫妻两人对于居住条件的要求其实并不多,买下这间房子除了希望有一个更宽阔的空间外,他们最大的期待,反而是想打造出一个让爱猫sunny住起来舒服的家。

在这个只有17坪大小的空间，除了住着房主夫妻外，另一位"同居者"就是夫妻俩的爱猫sunny。除了想让自己住得舒适，俩人更希望sunny可以有更开阔的活动空间，于是房主找来了里心设计，希望借助专业设计师，改善原本狭小的空间，并量身打造出一个可以让sunny自由自在生活的家。

跳台、猫道与收纳做整合

为了让空间最大化，设计师以通透的无隔间设计作为设计主线，减少隔墙甚至将主卧墙也一并拆除，形成一个没有隔间的大空间，达到房主期待中的开阔感受。而且拆除墙体后，原本分布在两间房的窗户整合成一片采光充足的窗户，并把视线引导至窗外，弱化空间狭隘感受。重要的是，没有了阻碍，自然光线便可自由洒落到家里的每个角落，居住更为舒适。

为了维持空间利落感，将猫跳台、猫道与大型收纳柜整合在同一道墙，刻意不在电视墙上安排太多设计，改以简洁的线条做出猫道，并利用相同设计风格与材质，让上方的猫道与电视机下方的收纳层板彼此呼应，既可丰富墙面也能避免猫道设计过于突兀。

电视主墙的猫道往玄关方向延伸，并与白色的大型收纳高柜相连，在高柜上下做开口，下方开口有收纳杂乱物品的功用，上面开口则是让猫咪穿越到下一个跳台的猫洞；整面高柜容易带来压迫感，因此在柜与柜之间以开放式层板串联，并加宽层板兼具了猫跳台的功能，这个设计给sunny创造出另一条路径，给它的生活增添乐趣与变化。

洒落阳光的自在空间
采用无隔间的开放设计，让小空间变得开阔，大面积的采光窗更让阳光奢侈地洒满屋里每个角落，不只人住起来舒适，就连sunny也经常在阳光下慵懒地晒太阳、玩耍、午睡。

猫房
设计
解析

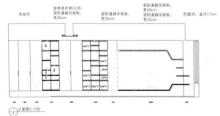

猫道设计/巧思设计解决美感与实用问题
电视墙上方的猫道与猫跳台间的距离之间本应
再多安装一个猫跳台，但基于整体视觉比例，
末端处采用曲折设计让高度自然下降，化解猫
跳台距离问题，也不影响整体美感。

🐾 **踏阶尺寸** 电视墙上方踏阶宽20cm、开放层板
（猫踏阶）宽40cm

🐾 **建材** 木皮涂装板

猫道设计/白色高柜巧妙隐藏猫咪通道

电视墙上方的踏阶向左连接到白色高柜，高柜上半部挖空让猫咪行走，下半部仍保有收纳功能。三排白色柜子的高度一致，维持空间线条的简洁。

猫道设计/**活用天花板高度创造猫道**

刻意不做吊顶，不降低层高，制造空间的开阔感，也将高柜与天花板之间的距离打造成猫道，只要利用柜与柜之间的层板跳台，sunny便可轻松抵达。

跳台设计/**猫跳台融入收纳层板设计**

小空间需避免设计元素过多，造成视觉混乱而使空间显得凌乱、狭小，因此将收纳层板向外延伸15cm，空间足够让猫咪暂时停留，而跳台的错落安排，也制造出另一条通往天空走道的路径。

猫道设计/兼具美化横梁的猫道设计

一进门的天花板便有一根无法忽视的大梁，设计师以天然木材化解横梁问题，并在左右刻意多留出空间，巧妙创造出一条sunny最爱的猫道。

隐形的秘密通道，
满足猫咪的探险欲望

文 – 蔡竺玲　摄影 – Amily　空间设计暨部分图片提供 –
墨桓空间设计

HOME DATA　**坪数：** 55坪　**格局：** 玄关、客厅、餐厅、厨房、主卧、客房、卫浴　**家庭成员：** 2人2猫

年轻的房主夫妻在乔迁新居之际认为除了满足自己的需求外，也要为家中的猫咪——阿bi和咪咪的生活设想，于是请设计师
依据猫咪习性，设计了适合猫咪的阳台猫屋和电视墙跳台，打造人和猫咪都适居的空间。

由于房主夫妻两人都喜爱无装饰性的粗犷感，初始就以工业风为基调，通过水泥色、铁艺和木质素材打造整体空间。同时在设计新居时，太太就已决定将猫咪接过来一起生活，因此在规划之初就与设计师讨论新家的设计要满足人和猫咪的需求，为猫咪留出游乐和休憩的空间，但又不与家居风格相冲突，巧妙地让猫咪活动融入房主生活。

藏在书柜中的秘密，猫咪探险新乐园

在只有两人居住的空间中，4间房的格局容易产生闲置地带，因此将邻近客厅的一间房改为餐厅，空间顿时开阔，顺势与玄关、客厅和厨房连成一片，形成完全开放的公共区域。客厅墙面选用清水模漆打底，天花板不封吊顶，所有管线外露并包裹EMT管、金属螺旋管等，展现素材的原始粗犷，增加工业氛围。房主考虑到猫咪阿bi和咪咪分别是10岁和15岁的老猫了，于是特别在阳台留出空间作为猫屋，让它们观看户外风景之余，也不会在家中乱跑而受伤。设计师将猫屋设计成融入大树的意象，并留出小洞，让枝干向外延伸至电视墙，也是猫屋的出入口之一。当房主外出或晚上睡觉时，此处也是两猫休息的卧寝区。

同时，房主本身有大量的玩偶、收藏品等，所以在餐厅后方设计一面收纳墙，柜体运用铁艺做骨架，再以OSB板材制成柜格，可随意移动的柜格设计让收纳空间可自由调整。最有趣的是，设计师精准计算各柜格的高度间距，在柜格之间隐藏着一条恰恰适合猫咪行进的秘密通道，猫咪便能顺势向上抵达最高点，无须特别做出醒目的设计，猫咪自然而然就能使用。柜体最上方刻意不放置物品，这是专门留给猫咪的区域，满足它们登高俯视的欲望。看似自然的居家设计，巧妙满足了双方需求，猫咪和人都能悠然自得的生活。

拆除一间房，换来通透复合功能区
将原有4间房的格局，拆除其中一间房作为餐厅，与客厅、厨房相连，打通公共区域。偌大的餐桌同时也可供工作使用，兼具书房功能。

猫房
设计
解 析

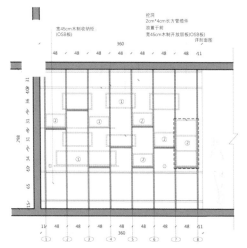

挖洞
2cm*4cm长方管组件
放置于前
宽45cm木制开放层板(OSB板)
详剖面图

宽45cm木制收纳柜
(OSB板)

柜子尺寸 总长约360cm、高298cm、宽度45cm

通道尺寸 猫咪通道的柜格间距为13cm高

建材 OSB板、铁艺

猫道设计/穿越收纳柜的隐藏通道

一开始设计书柜时，就预留最上层给猫咪使
用。所以以此为契机，运用一个个方形柜格，
组合出收纳空间，并精准计算柜格之间的距
离，巧妙打造出一条通往柜顶的隐藏通道。

材质挑选/使用天然木材好安心

以铁艺为基底，制作出柜体骨架，再选用无涂
料的OSB板材制作柜格，自然的木纹肌理能软
化刚硬的铁艺，同时板材本身无涂料的特性，
不会有刺激性的化学物质，让猫咪在走跳时也
能安心。

猫窝设计/既是收纳，也是猫咪躲藏的最佳据点

猫咪向来喜欢狭小的密闭空间，通过设计一个个的方形柜格，不仅满足收纳功能和展示功能，无形中也成为猫咪最爱的躲藏空间。

通风循环/运用机械与自然通风，改善闷热环境

当房主外出或晚上睡觉时，咪咪和阿bi就会被安置在猫房内，因此将猫房设在推拉窗的一侧，并留有插座以备使用电扇或饮水机，通过设备和自然通风的循环空气，避免内部温度过高。而不易开启的抽拉式纱窗及安全锁也能防止猫咪打开窗户，有效保护猫咪安全。

猫房设计/小小日光玻璃屋

为了让猫咪有一处休憩的空间，沿着阳台区域
规划出一座日光猫房，猫咪便能临窗俯视眺望
美景。并利用大树意象将猫房向外延伸，搭配
猫跳台，让猫咪能自由穿越内外，而电视下方
的实木平台，也顺势成为出入动线的一环。

赋予自然意象和活泼跳色，
猫房设计不突兀

文＝余佩桦·刘亚涵　空间设计暨图片提供＝NV ARCHITECTS
摄影＝Andrew Bezuhloy

HOME DATA　**坪数：** 75m²（约23坪）　**格局：** 玄关、客厅、餐厅、厨房、卧房、卫浴×2、阳台　**家庭成员：** 2人1猫

房主把猫咪当成小孩来疼爱，想带给它更舒适的环境，因此为猫咪重新设计家居空间，让猫咪生活更加丰富有趣。

这间坐落于乌克兰基辅的房子，原始空间较为狭小阴暗且功能性欠佳，人们生活其中，不舒服也不自在，更何况是猫咪呢？因格局无法变动，在确定房子是人与猫共处后，乌克兰设计团队试图找出房子中的狭长空间来解决问题，即指各空间属性不变的情况下，利用这些狭长空间来制造出猫咪所需的专属空间，如通道、猫屋、跳台、踏阶、猫洞等，使空间不仅满足人们的使用，同时也为猫咪提供足够的走道与玩乐发泄的环境。

找出环境最适点，让猫咪设计变得不刻意

　　进门首先看到的便是正对入口的独立**猫空间**，墙上利用枯木树枝串联层板的设计形成了猫跳台，满足猫咪爬上跳下的需求。另一边的玄关柜则特别在下方设计了一个猫洞，作为它的专属堡垒，生活于此也能更有安全感。另外则是客厅电视墙，设计者特别规划了不同高度的电视柜，适合作为猫咪的另类通道，让它能在这跳跃与探索。

　　由于猫咪喜欢对空间有一定的掌控感，可以看到设计师在餐厅座位区设计了一座高柜，当猫咪爬上最高处时，可以俯视整个室内环境，进一步加深猫咪的安全感。除了最高点的规划，格局之间的设计也特别巧妙，像是客厅与阳台之间，设计师就以透明玻璃作墙，除了引进充沛光线，当猫咪游走于房间时，也能更自在，并对环境有更多的了解。

明亮通透的公共空间
客厅、餐厅、厨房的无隔间设计，扩大了空间面积，感觉更开阔。留下一面砖墙避开开门见灶问题，也让餐桌有所依靠。宽敞无阻隔的动线，让猫咪和人都能随心所欲地行走。

猫房
设计
解 析

玄关对应的墙是猫咪的专属领域，利用枯树枝与层板，串起层层的专属猫跳台，让它能通过爬上跳下的方式，舒展筋骨与释放压力，当毛孩子跳跃时也间接打造出最生动活泼的景致。

猫道设计

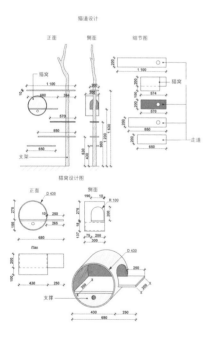

正面　侧面　细节图

猫窝

猫窝设计图

正面　侧面

Plan

支撑

🐾 **踏阶背墙** 总宽110cm、总高163cm

🐾 **踏阶尺寸** 20cm×57~110cm（宽×长）

🐾 **建材** 胶合板、中密度纤维板、天然橡木

猫洞设计/收纳柜与猫洞合二为一，一体成型好美观

猫咪属于安全主义者，天性喜欢钻洞隐藏起来，为了满足此需求，玄关柜下方特别留了一处作为猫咪的躲藏空间，让毛小孩可以在里面感到安全舒适，也能安稳地睡觉。

猫道设计/就算是家猫也要拥有高处空间

猫咪是天生的猎人，总喜欢躲在高处伺机而动，这样的天性就算转为家猫仍不变。设计者在餐厅座位区上方设计了一层高柜，满足猫咪以高处当看台的需求，同时也能作为房主放置物品的收纳空间。

猫道设计/利用柜体高低差，间接打造一条隐形猫道

由于是猫与人共住的空间，所以房间的功能设计要更为巧妙。像是客厅电视柜，设计者刻意配置了有高低差的柜子，看似简单，但就是这特殊的高低差，可满足毛孩子探索、游走的欲望，也间接打造出一条猫道。

材质挑选/**慎选材质，减少猫爪对家具的破坏**
卧房空间中床头板及衣柜门片特别选用洞洞板，除了增添色彩及材质纹理的多样感，洞洞板可适时转移猫咪对于其他家具的兴趣，减少猫爪的破坏。

材质挑选/**透明玻璃取代实墙，满足猫咪对空间的掌握欲**
猫咪喜欢享受了如指掌的感觉，若环境中受实墙阻隔过多，易使得这样的欲望无法被满足。因此在不破坏格局的情况下，空间除了尽可能采用开放设计之外，串联客厅与阳台的隔墙被玻璃取代，让毛孩子能清楚窥探环境，也能满足对空间的掌控欲。

可以自由自在生活的
工业风猫乐园

文－陈婷芳　空间设计暨图片提供－麦田室内设计　部分图片提供－希默

HOME DATA　**坪数：**45坪　**格局：**玄关、客厅、餐厅、厨房、书房、主卧、次卧、卫浴×2　**家庭成员：**夫妻、2只猫

赖先生、陈小姐夫妻俩皆为牙医，男主人爱好动漫与模型收集，女主人曾获选百大知名博主。俩人不因工作忙碌而牺牲生活兴趣，对家居空间的规划充分体现他们重视休闲与互动。

由于年轻房主对空间格局不拘泥于传统想法，所以设计师不仅打破空间限制，并且将客厅与书房位置对调，使书房晋升为空间主角，通过设置玻璃门，使客厅、书房、餐厅、厨房公共区域串联成开放通透的空间。

因为房主夫妻喜爱工业风的缘故，除了使用环保涂料刷天花板来表现水泥原始质地感觉外，还将铁艺与木材相结合来制作收纳柜。同时，室内处处设计了许多小巧思，例如写着**猫咪已喂**的黑板涂鸦墙巧妙修饰了承重柱，横梁下方也设置丰富的收纳空间，转角处安装健身器材，文化石墙装置投影幕布取代传统的电视墙，功能与设计里应外合，相得益彰。

工业风猫跳台融入生活中

虽有猫跳台、猫箱，但这个家对毛小孩而言，是一个完全开放的空间，当初纯粹是考虑猫咪喜欢躲藏的习性而设计，为了避免房主外出时，家里两只毛小孩Cola和Tola躲到不易发现的地方，因此在书房与厨房设计了玻璃拉门，不在家时就关上。

其实Cola和Tola算是个性活泼好客不怕生的米克斯猫（混种猫），也会自己找乐子，对自己家毛小孩性格了如指掌的房主，在客厅窗边设置猫跳台和猫砂区，成为宠物的专用空间。猫咪通常喜欢从高处俯视，Cola更是常常会出现在跳台上沉思卖萌，所以在猫箱通风口与窗台之间特意设置一处凹槽，成为猫咪趴在窗台看风景、晒太阳，超级享受的专属猫台。

另外，设计师利用餐厅的展示柜底板延伸成阶梯式的猫跳台设计，与工业风格相呼应，运用铁艺水管打造猫跳台，质感更胜一筹。

复合功能设计空间

当书房成为空间主角，与客厅、餐厅、厨房形成通透无隔间设计，更能扩大猫咪与人的休闲娱乐范围。工业风设计的基本元素水管、铁艺、水泥天花板，加上烟熏感的文化石墙，尽情表现个人喜好。

猫房
设计
解析

猫砂柜设计/**移动式猫砂柜台面清洁好轻松**

猫箱的材质里为美耐板，耐磨防水好清理，外层贴上木皮，让猫箱看起来像是收纳柜。无底板的猫箱，结合移动式猫砂盆台面，木推车装置活动轮可弹性进出更利于房主进行清洁整理。

跳台设计/**将狭小的空间改造为猫跳台**

利用客厅窗边墙面与书房玻璃门之间的狭小的空间，设置一座猫跳台，与猫咪收纳柜组合为猫咪专属的活动场所。水管铁艺装置的跳台，加上环保水泥质地的背景墙，就算是玩乐设施也要符合工业风的设计风格。

猫砂柜设计/**打通猫咪收纳柜空间，穿梭自如**
设计师将猫砂柜打通，让猫咪可以自由穿梭，侧边设计
的出入口与窗边跳台相连。猫砂柜里分配了三座活动轮
木推车，总共可以放入两个猫砂盆和猫咪器具，加上木
柜小抽屉收放猫食零嘴，猫咪收纳柜一体成型。

猫砂柜设计/**窗台的收纳柜凹槽，成为猫咪窝藏好去处**
在猫箱的通风口与窗户之间形成一处凹槽，除了
作为窗户卷帘放下时的缓冲高度，特别设置的通风
口，让猫咪在柜内上厕所时也不致闷热。而这一凹
槽也成为猫咪平时休憩、晒太阳的最佳地点。

安全防护/不在家时关上铁艺玻璃门

公共区域通过拆除隔间而开阔通透，不过为了防范家中毛小孩趁着大人不在家时躲起来，书房与客厅、餐厅与厨房之间设置铁艺玻璃拉门，避免到处找毛小孩。

安全防护/隐藏把手保持空气流通

入门鞋柜与收纳柜采用无把手设计，虽然线条简洁利落，但对喜欢打开衣柜躲在里面的猫咪而言则会成为一个因不通风而导致危险的地方。所以将门板做切口造型不仅成为隐藏把手，还可以保持空气流通。

跳台设计/**工业风展示柜延伸成猫跳台**

利用铁艺水管打造出工业风展示柜，在餐厅陈列房主私藏的清酒瓶，而展示柜旁则再设置猫跳台，不仅创造活泼的墙面设计感，猫咪还可以多拥有一座猫跳台。

全屋都是游乐场，
自由奔走无障碍

文－蔡竺玲　摄影－Amily　空间设计暨部分图片提供－凯莉家的空间设计

HOME DATA　　**坪数：** 20坪　　**格局：** 玄关、客厅、书房、厨房、主卧×2、卫浴　　**家庭成员：** 2人4猫

退休的房主夫妻养猫已有十余年，两人都十分疼爱毛小孩，也经常喂养流浪猫，趁着规划新居，落实人猫各自独立的生活
空间。

十分爱猫的房主夫妻，在设计之初就只要求有必要的生活空间即可，家中绝大部分的设计以符合猫咪生活习性为出发点，不论是猫咪天生喜爱在制高点观察的特性，亦或是猫咪平时和家人相处的小习惯，借着重新装修之际一次性满足猫咪的所有需求。

首先将原本三间房的格局进行略微调整，其中一间房的隔墙拆除改为推拉门，成为可随意开阖的开放书房。书房与厨房以柜体相隔，厨柜上方刻意设计出一个可供猫咪躲藏、睡午觉的隐蔽空间。另外，将原本的餐厅给猫咪使用，真正的用餐区则调动到厨房内部，通过精准测量柜门尺寸，并运用特殊五金件改造柜门，使柜门掀起就变成了特制小餐桌。两间主卧略微调整空间面积，在有限的空间中设置掀床可以有效利用空间，不用的时候就收起来，还能防止猫咪偷偷尿床。

顺应猫咪天性，由上而下串联各区的天空走道

此项目最重要的设计原则，就是将所有日常用不到的上方空间全部留给猫咪。从客厅的电视墙开始，向上攀高的阶梯连接环绕客厅、餐厅上方的走道后，一条进入厨房，另一条一分为二，分别进入书房和卧寝区。主卧的柜体上方刻意打通，并设计开口，让猫咪能够游走于柜体内外，也特地将通道引导至窗边，满足猫咪眺望窗景的欲望。而晚上就寝时，猫咪经常会和房主太太一起睡觉，还特别在柜体下方留出猫咪专属的睡房。除了连接空间上方的通道外，几乎每道门都设置了猫门，让毛小孩从上而下都能不受拘束、恣意进出。秉持着顺应猫咪的天性，尊重家中每个人、每只猫的角度，创造出人猫共享的新乐园。

让猫咪尽情玩乐、躲藏的开放设计

从平面到立面，运用走道、踏阶、柜体设计出环绕全屋的猫咪游乐场。家中的毛小孩无须落地，也能通过天空走道在家中随意游走。另外，为了安全起见，阳台加装空隙间隔5cm的隐形铁窗，让毛小孩和家人各自享有独立空间的同时，也能更安心。

猫房
设计
解析

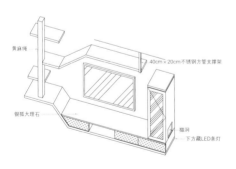

黄麻绳

40cm × 20cm不锈钢方管支撑架

银狐大理石

猫洞

下方藏LED条灯

🐾 **走道尺寸** 宽度约在30~35cm，距离
天花板约留出32cm高。

🐾 **踏阶尺寸** 间距约30cm高

🐾 **建材** 美耐板、铁艺

猫道设计/创造多元的上下通道

以文化石铺设的电视主墙，配置基本的收纳空间后，其余空间都留给猫咪使用。左右两侧踏阶让猫咪能一路向上，连柜体也成为踏阶的一环。同时在设计之初，就留出放置猫跳台的空间，让猫咪能自由选择上下的路径。

猫道设计/猫咪才知道的隐藏小路

应猫咪会迎接饲主回家的习惯，玄关柜体刻意加宽，留出空间给猫咪行走。这样猫咪即便不落地，也能从电视墙一路走到玄关。而为了方便清洁，内部通道设有小拉门，一打开就能擦拭。

安全防护/以铁艺加强支撑，延伸全室的天空走道

由于猫咪走道环绕整个客厅、餐厅空间，跨距相对较长，因此更需要注重走道的承重能力是否可以让猫咪尽情跳跃。除了将走道嵌入墙面支撑外，在两端和中央处以铁架辅助，加强承重力。

材质挑选/耐脏好清洁的美耐板走道

由于猫咪有喷尿和呕吐的习惯，不论是踏阶还是走道，皆采用木纹美耐板制作，好清洁的特性让脏污不会残留。而为了让猫咪能随时观察家人动态，书房上方的走道墙面打通并安装强化玻璃，猫咪行走时也能透过玻璃窥探，满足好奇心。

猫道设计/猫咪最爱的躲藏处

书房与厨房相邻，厨柜上方空间让给书房使用，形成约宽40cm的内凹空间，狭小又隐秘的特性，变成了猫咪最爱的休憩区。而书房右侧窗户正好与后阳台相连，也特别设计走道，让猫咪随时都能走向阳台观赏风景。

家具规划/掀床设计有效避免乱尿问题

由于猫口众多，经常有猫咪为了争宠、占地盘，而在床上撒尿，为了避免这样的情形，在面积相对较小的卧室里放置掀床，不用时就收起来，不仅能充分利用面积，也能有效防止猫尿问题。

猫道设计/落实全屋串联的猫道规划

为了让猫咪随意在空间走动，几乎所有墙壁的上方皆做开口，所有柜体全不顶到天花板，将上层空间留做猫道使用。部分柜子上方额外做出入口，除了可串联上下通道外，猫咪也能进入柜内安心睡觉。

猫道设计/**不论上下都好走**

略微调整尺寸的两间主卧，由于面积较小，
因此改以推拉门设计，释出空间放置收纳柜
和猫跳台。上方猫道和门板皆做出猫洞，不
论猫咪走到哪都能恣意进出。

墙面设计/**好清理、不怕脏的腰墙设计**

由于部分猫咪有对着墙面喷尿的习惯，因此
客厅墙刻意铺设腰墙，并采用美耐板材，让
墙面视觉更为丰富的同时，即便弄脏也能方
便清理。

CASE 16

突破限制，
创造人猫共住的幸福空间

文－王玉瑶　空间设计暨图片提供－里心空间设计

HOME DATA　**坪数：** 11坪　**格局：** 玄关、客餐厅、厨房、主卧、卫浴　**家庭成员：** 1人2猫

经常在家工作的王小姐，比起一般人有更多时间陪伴家里的两只猫咪，因此虽然知道买下的这间房子很小，但还是希望能为猫咪打造一个拥有更多活动空间的舒适居家。

遇到小户型房子，一般人大多希望尽量让空间显得更大，但房主王小姐对于空间的想法却和别人很不一样，不追求空间看起来开阔，反而更希望满足她期待的各种功能。例如因拥有大量书籍，需要打造一面大书墙；卧室只是用来睡觉，所以简单就好，但坚持一定要有更衣室与储藏室。除此之外，为了两只同居的猫咪，也得做出适合它们居住、满足它们习性的设计与规划。

向上发展的天空猫道

虽然房主不在意空间是否空旷，但隔间如果太多仍会因此产生压迫感而住得不舒服，因此为了避免隔墙将空间切割得零碎且带来狭隘感，设计师选择在靠近玄关处安排卫浴、储藏室以及更衣室，让剩余空间更为完整，设计成活动频繁的生活区，虽然面积仍然有限，但因为邻窗位置采光绝佳，再加上厨房采取开放式设计，借此可达到室内空间更开阔的效果，弱化小户型的局促感，创造出人猫可自在活动的宽敞居家。

专门收纳房主大量书籍的书墙，则承担了墙体的作用，节省空间的同时也可避免书墙对主要生活区域带来的压迫感，也巧妙地将主卧隔出，并将书墙靠门一端的空间规划成兼具鞋柜与猫楼梯两种功能的侧面柜。

原本因为空间太小只好向上发展的设计，正好让猫道可以围绕着主卧隔墙设置，符合了猫咪喜爱登高的特性，也在不影响过多居住空间的前提下，实现了王小姐希望增加猫咪活动空间的愿望。

明亮开阔的公共空间

将公共区域规划在唯一的采光面位置，借由大
面窗户与主卧的玻璃拉门，可淡化小空间的狭
隘感，打造出明亮又开阔的生活区域。

猫房
设计
解析

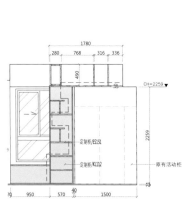

猫道设计/复合功能满足双重需求

小户型的空间有限，因此将鞋柜与通往上方猫道的踏阶结合，以此节省空间，也让猫咪能轻易到达高处的猫道。

🐾 **鞋柜尺寸** 约高226cm、宽57cm。

柜子离天花留出49cm作为猫道。

🐾 **建材** 全屋定制家具系列

猫道设计/居高临下的猫道

由于平面空间不足，因此猫道改以向上发展，一方面有效利
用空间高度，另一方面也是刻意打造出垂直动线，增加猫咪
活动空间，提高它们活动的兴致。

安全防护/以吊筋手法加强结构

猫咪经常行走的走道专门以金属支架加强猫道结构，避免因走动以及猫咪的重量而出现凹陷问题。刚好形成的方框铁艺造型，也恰好增加了变化与乐趣，满足猫咪爱玩耍的习性。

猫道设计/自由行走的秘密通道

书墙与玻璃门之间采用开放层架，可为主卧带来更多光线与通透感受，刻意保留最下方一格空间不封死，方便猫咪随意进出主卧。

跳台设计/**跳台融入收纳墙**

梁下空间利用收纳墙设计顶齐，增加家居收纳空间，结合开放和封闭两种形式，可满足多种收纳需求。部分开放层板刻意凸出作为猫跳台，只凸出约15cm，避免占用走道空间，不方便饲主行动。

探访猫咪旅馆

猫咪旅馆，不同于家里的宽敞空间，而是在有限的面积中为猫咪提供舒适的生活环境，因此更要考虑到居住的面积、清洁以及通风等问题。

摄影 – Amily　空间设计 – 凯翎室内空间设计　场地提供 – 就是猫旅馆、爱猫园旅馆

场地提供 – 就是猫旅馆

POINT 01
加强安全防护，避免猫咪偷跑出去

由于猫咪初到新环境时，多半会因为焦虑或是好奇心而想要逃离，因此一定要做好安全防护的设计。除了在猫房增加锁扣之外，也需从周围环境入手，像是窗户加上防坠安全锁，大门也需增设多道防护，才能有效避免猫咪偷跑。

大门采用内拉方式，当门向内拉时，较能有效用身体挡住开启的通道，顺势阻挡猫咪向外的路径。

除了大门之外，再多增设一道推拉门并加装门锁，能降低猫咪外出的机率，有效保护猫咪安全。

设计两道关卡，有效预防猫咪跑到室外

为了防止猫咪逃脱到户外，猫房一定要增设门锁，并且除了大门之外，在进入猫房住宿区时，建议再增加一道门。双重关卡的设计，即便客人进出时，也能先关上一道门，让猫咪安全更有保障。

场地提供 – 就是猫旅馆

POINT 02
考虑猫旅馆的空间布局

猫旅馆的空间布局应先从整体格局来考虑，猫旅馆需配置游戏区、接待区和猫房区，除了寄宿服务之外，若有宠物美容、商品售卖等，则需额外规划出洗浴、烘干的空间，以及存放商品的仓储空间。接着，猫房所需的面积也不能太小，必须要确保猫咪基本的生活质量，同时还需容纳得下必备的猫砂盆和饮水器，以及足够的垂直空间，兼顾猫咪的生理和心理需求。

空间设计 – 凯翔室内空间设计
场地提供 – 爱猫园旅馆

合并游戏区和猫房，让有着狩猎性格的猫咪能事先观察游戏区的地形和动态，熟悉环境之后，也更能愿意出来活动。

游戏区和猫房可合并设计

即便是短期住宿，也要注重猫咪生活质量。在规划整体空间时，要注意猫房数量不宜过多，不仅仅是因为数量增多会压缩每一个猫房的面积，也是因为如果一只地盘意识强烈的猫咪，到一个新环境面对数量众多的猫咪，难免会更紧张害怕。另外，也要考虑猫咪需有出来活动筋骨的时间，所以必须设置游戏区或是放风的空间。因此建议猫房可和游戏区比邻规划，让猫咪在猫房内就能观察到游戏区的动态，也有助于适应环境。

猫房内需有可供活动和隐藏的空间

猫咪的生活习性至今仍保有与生俱来的天性，领域性强的它们要巩固地盘也要确保自身安全，因此猫咪通常以敌明我暗的招式，选择较隐秘地点躲藏，同时便于掌握环境状况。再加上猫咪到了旅馆这种陌生的环境，势必相当不安，因此有隐蔽的猫屋设计相对来说会令猫咪较为安心。

空间设计－凯翔室内空间设计
场地提供－爱猫园旅馆

在一只或两只猫的居住情况下，单一猫房大多是做成柜体形式。一般约60~90cm宽，而长度多在80~90cm，这是考虑到猫砂盆放入后，猫咪仍有行走的空间。

场地提供－就是猫旅馆

躲藏的猫箱空间则应依照猫咪的身形设计，长宽大约40cm左右，猫咪在里面趴坐都不会过窄。猫箱建议留出洞口，满足猫咪想要躲藏的心态，又能警觉地观察周遭环境。

而多猫居住情况下，单一猫房可能无法满足，则可弹性运用空间。可在猫屋的隔间开出洞口，两间猫房即可摇身一变成为大套房。设计时要注意洞口门板需能完整开启180°，同时不会妨碍到设备器具的放置。

场地提供－就是猫旅馆

符合各类猫咪的跳台设计

猫旅馆会迎接来自不同年龄层、不同品种的猫咪，因此创造一个有着多变丰富的活动空间会较适当，可以满足各类猫咪的需求。踏阶的高度需考虑到老年猫、三脚猫，甚至有些品种猫的腿相对较短，跳跃和爬上阶梯相对都较吃力。踏阶高度可相对拉低，并加强防滑，增加斜坡缓道，以防万一。

踏阶配置建议采用Z字形设计，左右交错才留有空间让猫咪跳跃。踏阶宽度建议在30cm左右，方便猫咪行走。

场地提供 – 就是猫旅馆

空间设计 – 凯翊室内空间设计
场地提供 – 爱猫园旅馆

场地提供 – 就是猫旅馆

弹性搭配的现成猫跳台、可移动式的楼梯或猫抓板，可以满足行动不便的猫咪。

POINT 03
考虑多猫时的通风和温度控制

和狗狗比较起来，爱干净的猫咪身上没有太重的体味，反而是猫砂盆的味道让人难以忍受。因此猫旅馆必须要考虑到一旦所有房间客满、多猫同时存在，以及猫柜处于长期密闭的状态，这些因素都会容易造成空气不流通，产生异味或闷热。建议提前规划好旅馆整体和个别猫房的通风。

场地提供–就是猫旅馆

设计自然对流，辅以设备加强

在规划空间时，最重要的是保持整体的通风和温度维持。是否有开窗，是否有西晒过热或是冬天会很冷的问题，建议先创造自然对流的环境，设计完善的进、出风口，让空气能自然流通，并以空调和风扇辅助，将室温控制在猫咪觉得最舒适的18~25℃。

设置进风口和风扇，提供整体空间的空气对流。风的流动是时常转变的，因此除了设置开口之外，也须借助机械辅助通风。注意通风原则是有进有出，进风口面积要大于出风口，带动气压自然流入室内。

适当选择空调的位置，在空调出风口上再搭配机械通风辅助，并在墙上加开进风口，促进室内空气循环流通，维持舒适室温。

场地提供–就是猫旅馆

场地提供–就是猫旅馆

猫柜也要有独立通风

猫房多半都采用柜体的形式，封闭的状态容易让内部空气不顺畅，因此猫柜本身也须注意通风设计，建议猫柜上下不做满，或是留出适当的进气口，加上静音的抽风扇，确保柜内对流循环，猫咪长时间待在内部也不闷热。

使用轻钢架吊顶搭配网格式铝网，保留猫屋上方的空气循环空间，有效带入新鲜空气。

空间设计 – 凯翔室内空间设计
场地提供 – 爱猫园旅馆

场地提供 – 就是猫旅馆

场地提供 – 就是猫旅馆

柜体门板采用大面积镂空设计，也可成为进风口，并采用静音风扇加强对流。静音风扇即便在客满的状况下，也能确保猫咪对于安静的需求。而为了防止猫咪抓咬电线或触碰风扇，要加装不锈钢网及保护管，保护猫咪安全。

KEY 4

GOODS

家 具 家 饰

The CUBE / The BALL / The BED

来自法国巴黎的Meyou，以茧为设计概念推出一系列猫窝单品，特殊棉线结构构成的茧型猫窝，质地坚韧的同时又保有棉料的柔软，平时还能作为毛小孩的猫抓板；而帐篷型的The BED，则能让猫咪休息时也能随时观察四周，满足好奇心。尺寸：40cm×40cm，40cm×40cm，46cm×50cm；材质：棉线、实木、羊毛毡。图片提供–Meyou Paris

Elegant猫屋

以拼接概念搭配简约几何图形，营造简洁时尚感，木板的选用则具防抓特性，上下颠倒的设计概念增添组装的趣味性，更可以依需求调整作为边桌或椅凳使用。尺寸：48cm×30cm×56cm；材质：松木、拼合版。图片提供–Myzoo动物缘

太空计划

以太空舱为设想的猫屋，运用曲木加工与3D技术制成，仿胶囊造型的太空舱Al-pha，拥有圆形曲线设计适合各种猫及姿势。尺寸：65cm×42cm×42cm，出入口直径22cm；材质：椴木实木皮。图片提供–Myzoo动物缘

▌猫砂箱

定制化的柜子设计，可依放置的猫砂盆数量选择猫砂箱的尺寸，还可选择出入口的尺寸和位置，甚至可额外设计存放猫咪用品的储物空间。采用罗马尼亚杉木制作，优雅有质感的外观，放在家中也不显突兀。

图片提供–Myzoo动物缘

▌甜甜圈凉床

专利的甜甜圈设计，可以快速展开及收纳，不仅可放置家中也相当方便携带。采用环保蜂巢纸芯制作，既耐用更不吸热，让毛小孩四季都能拥有舒适的睡眠。尺寸：58cm×17cm；材质：环保蜂巢纸芯、密底板。

图片提供–No.88仓库

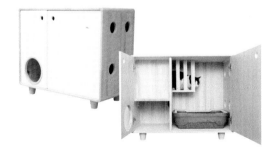

▌原木猫砂柜

每只猫咪都喜欢钻洞、躲藏，通过猫砂柜在有限的范围里创造上下跳跃的空间，不仅有效解决居家猫砂洒落的问题，猫咪也能在隐蔽空间安心如厕，减轻压力，而简约的造型，让猫厕所又可摇身一变成为独立且具质感的原木家具。尺寸定制。

图片提供–拍拍Pets' & Design

▌W45·骰子猫屋

经典基本款的骰子屋，六面都有骰子点数的空洞，可以尽情跟猫咪玩乐，也能作为猫咪洗澡后的烘毛箱。整体手工制作，由实木条木芯板制成，坚固又耐重，可以是一个简单的猫屋，也能当椅子使用。

图片提供－MOMOCAT

▌摩登书架跳台

结合收纳和猫咪使用的多功能跳台，可放在玄关和客厅。刻意将柜体的箱型空间安排在下方，与地面加大接触面积，使柜体的重心降低，增加猫咪跑跳的安全性。整体以云杉实木打造，表面涂以天然蜜蜡，天然无化学的原料，让宝贝使用更安心。长106cm、高103cm、宽27cm。

图片提供－Myzoo动物缘

▌LUNA跳台

猫咪都有攀高的习性，在家中跳上椅、跳上桌，也许有天也能跳上月、跳上日，体验真正居高临下的快感，于是将跳台本体直接悬挂于墙面，让爱猫真的攀上星月。尺寸：100cm×100cm，90cm×90cm，材质：云杉木。

图片提供－Myzoo动物缘

▌原木跳箱窝

猫咪最喜欢四处蹦蹦跳跳，四种不同造型的实木方块，根据不同的开口方式组合出不一样的变化，创造多变的猫道、跳台或小窝空间，为爱猫打造永远不会玩腻的游乐场。尺寸：36cm×36cm×36cm；材质：松木。

图片提供－拍拍Pets' & Design

▎B04·手工猫砂屋跳台

手工猫跳台，下方结合猫砂屋设计，确保视觉的美观且减少猫咪带砂出来的情况，也能当成猫咪用品的储物间。采用低甲醛塑料贴皮木芯板，耐重约80kg，共有三种颜色可选。

图片提供－MOMOCAT

▎芭蕾跳台

受猫咪喜爱登高的习性启发，通过树的形象，在枝干上镶嵌圆形踏板。S型的环绕设计，让猫咪以优雅的姿态一步步旋转而上，有如跳舞般轻盈跳跃。圆形踏板直径25cm，踏阶间距的高度20cm，总高161cm。

图片提供－Myzoo动物缘

▎旋转猫梯

旋转猫梯结构稳固，以不锈钢支架贯穿，底座有支撑板。每片阶梯间距是12cm，这是猫咪行走时最佳的间距，经过测试无论是老猫、小猫、短脚猫，甚至三脚的残障猫，都能轻松上下。底座的支撑板缠上黄麻绳，兼具抓板的功能，每片梯板上都有加贴不留残胶的防滑垫，一方面防止猫咪滑倒，另一方面也保护梯板不会被猫爪刮花。单座旋转梯高度：210cm，楼梯圆座：70cm，底座：60cmX60cm。天桥长约120cm。材质：桦木合板、铝合金。

图片提供－格子窝创意

▌猫飞轮

猫飞轮是唯一可以让猫咪运动的工具，它不仅只是满足好动猫咪的精力发泄，而且猫咪借着跑动可以降低焦虑感，所以特别适合多猫的家庭。新版的猫飞轮比第一代具有更多优点，全新的底座设计，让轮框转动时更为安静、平稳。直径120cm、宽度35cm。

图片提供–格子窝创意

▌B38·手工猫砂屋跳台

猫性化流畅动线，结合猫跳台和猫砂屋形式，减少带砂。低甲醛木芯板搭配双面防水仿木贴皮，好清理且耐重超过80kg，猫抓柱柱体坚固，边角门框都以胶面做安全封边，可加购配件做定制化调整。

摄影–Amily，商品提供–MOMOCAT

▌拱门猫抓柱

拱门抓柱采用台湾制造的黄麻绳，质地柔软不扎手、天然无染色、无油渍味，相较于纸板抓板不会有大量掉屑的问题。整体结构有4片麻绳抓板、8个可抓面，猫咪可以从不同角度磨爪，麻绳抓板可以在久经使用后抽换更新。中间装有一根弹簧绳系铃铛藤球玩具，猫咪可以一边抓一边玩球。总高92cm、麻绳抓柱70cm、底座40cm×40cm。材质：密底板、黄麻绳。

图片提供–格子窝创意

▎蜂巢式六角猫跳台

蜂巢型的设计能在最小的面积上建筑最多的空间，且能随需求组合成各式形状、大小，而侧边的挖孔则让猫咪能在跳台中来去自如，化身小蜜蜂般忙碌穿梭、玩耍。
尺寸：50cm×43.5cm；材质：云杉木。
图片提供—Myzoo动物缘

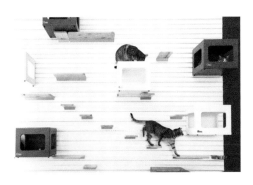

▎猫墙

猫墙是以模块化概念所发展出的猫咪居家系统，结合了猫格窝、猫走道、落地猫梯及梯板等设施，兼具猫跳台及猫窝的功能。巧妙利用居家墙面，扩充猫咪的活动空间，可减轻因空间狭隘对猫咪所造成的紧迫。尺寸最小宽度为150cm，饲主可依需求以30cm为单位增加宽度；猫墙高度为156cm。安装时，猫墙底边离地50cm，顶边离天花板最好有40~50cm的距离。
摄影—Amily，产品提供—格子窝创意

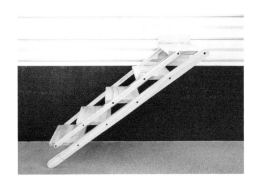

▎落地猫梯

猫墙离地50cm是因为下方空间可用性不大，所以直接用落地猫梯取代，猫梯勾挂于猫墙最下边，可依实际需要调整高低的角度及左右向，方便老、幼或残障猫咪上下猫墙。梯板宽22cm。
摄影—Amily，产品提供—格子窝创意

▌时空胶囊碗

犹如宇宙飞船的圆弧形设计，搭配木制碗架可随意调整碗的倾斜度，给予毛小孩最舒适的用餐状态。每组木碗架均附有磁铁，可以相互搭配或固定在冰箱、铁柜上。木架15cm×9cm、碗口径12cm，材质：陶瓷、原木。
图片提供–Myzoo动物缘

▌猫咪蹭蹭刷

猫咪喜欢用两侧脸颊磨蹭墙角、物品以留下独有气味来宣示地盘主权。猫咪蹭蹭刷可固定在墙角或笼内，猫咪磨蹭留下气味时还可以按摩梳毛。
图片提供–MOMOCAT

202

▌ACEPET爱思沛飞瀑饮水坝

犬猫通用款，通过活氧涌泉提高猫猫狗狗喝水的频率，4L大容量，三段高度水池让不同高度猫狗都能舒适使用。低耗电量、特殊静音设计，停电也能使用。
图片提供–MOMOCAT

▌组合式餐桌

超轻巧的便携式餐桌，防水防霉，易拆易组装，专利可调式桌面高度，圆孔放置猫咪的餐碗或喝水碗，也可直接放在平台上，附收纳袋（含碗）。
摄影–叶勇宏，商品提供–MOMOCAT

▍太空碗

造型来自飞碟的外观启发，流线的曲线外观，搭配透明食碗，彻底展现未来感的创新设计。细致的铁艺支架备有两种规格尺寸，采用磁吸方式，可随时替换，为家中的小宝贝体贴设想，避免用餐时脊椎压迫，达到完美贴心的服务。
图片提供–Myzoo动物缘

▍原木宠物托高碗架

适当的高度可减轻猫咪进食时的颈椎负担。简洁的斜、托高线条，采用金属及原木素材打造，简约的质感可以与任何居家风格搭配，且有多种木纹可供选择。尺寸：20cm×18.5cm×21cm；材质：实木、不锈钢、环保防水漆。
图片提供–拍拍Pets'& Design

▍猫咪烘毛机、烘毛箱

宠物猫狗专用烘毛机，安静低音量不会惊吓到宠物，第二代红外线照射帮助血液循环，可定时定温将宠物皮肤表层完全烘干、毛发蓬松干爽，可搭配MO-MOCAT烘毛箱一起使用，以加强效果。
图片提供–MOMOCAT

KEY 5

•

DESIGNER

设 计 师

图片提供 – NV ARCHITECTS

NV ARCHITECTS

设计师：Nika Vorotyntseva,Tatiana Saulyak
Mail：nika@vorotyntseva.com
网址：www.vorotyntseva.com

是一间位于乌克兰的设计事务所，致力于现代化设计与建筑的融合，实现房主对空间的期望，并与房主交换创意想法，打造出时尚家居。

摄影 – Amily

SKY拾雅客室内设计

设计师：许炜杰
电话：02–2927–2962
Mail：syk@syksd.com.tw
网址：www.syksd.tw

对于家居不断追求卓越高质量，作为未来发展的一种模式，让材质与想法不断碰撞，创造出更具极致的生活文化是我们的决心。一个介于务实及理想之间的对比，一个不断讲究最大可能性的完美比例，拾雅客设计团队以能满足每一位优质客户的需求作为自己最大的成就。

图片提供 – 三俩三设计事务所

三俩三设计事务所

设计师：陈致豪、曾敏郎、许富顺、颜逸旻
电话：02–2766–5323
Mail：323interior@gmail.com

设计强调以人为本，仔细倾听每一位房主对于家的期待，善于运用自然材质纹理和简单化色彩，营造温馨细腻的生活情境，作品具有浓厚人文特质，清新隽永。

图片提供 – 于人空间设计

于人空间设计

设计师：余明璋
电话：0936-134-943
Mail：taco.tt8888@gmail.com

希望在有限的空间条件中，规划出使用者最佳的生活模式、基本居家功能，还能让空间融于某种期待的意境中，那正是于人空间设计积极努力的方向。

图片提供 – 丰墨设计

丰墨设计

设计师：王宪川
电话：02-2601-9397
Mail：mail@formo-design-studio.com.tw
网址：www.formo-design-studio.com

「What Will Be Has Always Been.」—Louis Kahn,1984。**设计**——对我们而言，不是刻意塑造的，而是将原本存在的，发觉并让它显露出来。

摄影 – Amily

只设计·部

设计师：何彦杰
电话：02-2702-4238；0930-391-365
Mail：justdesign@kimo.com
网址：www.justdesign.tw

秉持着设计的精神、在看似有理数的秩序里谱写着空间本质可窥见的诗性，刻画出一种生活的模样，一份对家对空间的情感。于是，真实地生活了、有**感觉**地生活着。靠近了**设计**的精神、也在空间里有感动地留下带着温度的诗文。

图片提供 – 甘纳空间设计

甘纳空间设计

设计师：林仕杰、陈婷亮
电话：02-2775-2737
Mail：info@ganna-design.com
网址：ganna-design.com

以空间改造有无限可能为宗旨，为空间创造出未来be going to的美好愿景。**甘**为愉悦甜美，**纳**则取其容纳之意，代表着甘纳以谦卑态度面对空间与人之间的关系，进而设计出舒适美观与实用兼具的空间。

摄影 – Amily

拓朴本然空间设计

设计师：睿哲、蓓蓓
电话：02-2876-5099
Mail：baba750702@gmail.com

拓朴本然。拓——开拓新的梦想、朴——回归心的朴实、本——还原心的本质、然——善用心的自然。一家巷弄内的小咖啡馆融合心的设计公司，从不为了设计而设计，只坚持因为生活，设计才之所以存在，有存在必要的设计才经得起时间的考验。

摄影 – Amily

杰玛设计JMID

设计师：游杰腾
电话：02-2717-5669
Mail：jmid@kimo.com
网址：www.jmarvel.com

认为生活是从设计开始，在打造空间时，会利用多元化建材、家具、灯饰反映房主的独特个性，并致力于营造出充满艺术与人文的情境故事。依照房主对空间的需求、喜好，呈现出能符合主人们对于家的渴望及理想模样的设计，善用原木材质、文化石，强调艺术氛围，挹注美感气息。

浩室空间设计

设计师：邱炫达
电话：0953-633-100、03-367-9527
Mail：kevin@houseplan.com.tw
网址：www.houseplan.com.tw

以合理的空间、正确的比例、实用的功能，再加上美学的搭配，让每件作品都能呈现完美。不做过分夸张的设计，由居住者的需要来考虑最适当的设计，单纯的感动，才是深刻的。

图片提供 – 浩室空间设计

得格集聚室内装修设计

设计师：谢其桦
电话：台北 02-8911-0188、桃园 03-3555-359、手机 0920-773-528
Mail：HCH.jully@gmail.com
网址：www.design-dg.com

尊重需求、用心倾听，探索个人特色、创造独一无二的生活品味，提升视觉享受、重视实质触感，平衡功能与美学的冲突，达到整体工学合一，百分百满足空间主人的大格局。

图片提供 – 得格集聚室内装修设计

麦田室内设计有限公司

设计师：陈靖绒
电话：07-552-8849
Mail：myturn0709@gmail.com

麦田室内设计成立6年，提供住宅设计装修、商业空间规划、旧屋翻新改造、系统橱柜定制等服务，擅长风格领域有北欧简约、乡村风格、美式古典、新古典、全屋家具与木手工完美结合等。

图片提供 – 麦田室内设计

凯翊室内空间设计

图片提供 – 凯翊室内空间设计

设计师：梁信文
电话：0912-265-497
Mail：kaiyi.design@gmail.com
网址：shinwen5.wix.com/kaiyi-design

美是一种主观的个人感受，而一个好的设计作品往往是业主和设计师相互沟通、协调后的产物。凯翊设计擅长掌控设计美感的大方向并满足客户对设计的要求，凭借专属的定制化设计创造专属的室内设计。

里心空间设计

图片提供 – 里心空间设计

设计师：李植炜、廖心怡
电话：02-2341-1722
Mail：rsi2id@gmail.com
网址：www.rsi2id.com.tw

里=室内，取名里心就是因为我们希望用心做好每个设计，我们不会强调特别擅长哪类的风格，也没有华丽的设计背景，总是通过多次沟通讨论找出每个人的喜好与想法，相信每个人对自己的空间都有不同的诠释方法，因此每个提案都会呈现出属于房主自己的风格与特色。

达圆室内空间设计

图片提供 – 达圆室内空间设计

设计师：陈扬明、谢淑芬
电话：03-287-1494
Mail：dyd@dyd.tw
网址：www.dyd.tw

达圆设计讲究比例、动线、质感、自然、光的融合，表达空间的温度与深度，传达出设计的内在精神，也悄悄地在空间中隐藏着主从关系，安排完美比例的呈现，打造出每个空间独有的舒适感受，这种定制化的设计，我们称它为"空间的表情"。

图片提供 – 尔声空间设计

尔声空间设计

设计师：陈荣声、林欣璇
电话：02-2358-2115
Mail：info@archlin.com

由两位旅澳归国建筑师的设计公司成立于2014年。设计源自于对阳光、自然、简约的热爱。在作品当中，除了致力于打造专属于不同业主的居住空间，同时也具备国际视野。尔声空间热爱以自然光和动线为基本设计考虑，以穿透的手法引进光线之外，在格局上也擅长以西式风格打造开放的居住环境。

图片提供 – 墨桓空间设计

墨桓空间设计

设计师：陈运贤
电话：02-2358-2823
Mail：ian730402@gmail.com
网址：www.modeondesign.com

设计，是我们与世界沟通的语言。提供细腻的制图，让空间锐变成为一个专属独特场所，通过各领域的优秀团队，导入丰富资源，在不断地创新过程中，提出美感与机能并行的设计策略。

图片提供 – 虫点子创意空间设计

虫点子创意设计

设计师：郑明辉
电话：02-8935-2755
Mail：hair2bug@gmail.com
网址：indot.pixnet.net/blog

郑明辉是设计师也是插画作家，热爱所有富含创意的事物，善于从生活中发掘创意和有趣的点子。他的设计作品以其独特的线条纹理及空间穿透、光影层次，突显出他个人空间设计的特点，诠释属于虫点子创意空间的人文简约风格。

内 容 提 要

经常看到许多好看，但是使用后却发现难清理的猫柜、猫通道等设计。例如猫柜门无法全开，清洁时只能擦半边；猫通道没做开口，后方死角部分的灰尘、猫毛堆一堆等，最终结果是觉得难用全部拆掉。因此建议设计前，仔细思考猫柜、猫通道的长度、宽度，接缝处如何处理才不会让猫毛、灰尘卡入，事先做好完善的规划，让这些为猫咪而做的设计用得长久。

本书结合动物行为研究专家、兽医的专业解释，分析猫咪的生活习性，同时考虑地面、壁面、材质等10项设计层面，以图文形式展现设计细节，让读者一看就上手。精选16个精彩案例作为读者在装修时的灵感来源。

北京市版权局著作权合同登记号：图字 01-2018-2482 号

《就是爱和猫咪宅在家：让喵星人安心在家玩！猫房规划、动线配置、材质挑选，500个人猫共乐的生活空间设计提案》中文简体版2018通过四川一览文化传播广告有限公司代理，经台湾城邦文化事业股份有限公司麦浩斯出版事业部授予中国水利水电出版社独家发行，非经书面同意，不得以任何形式、任意重制转载。本著作限于中国大陆地区发行。

图书在版编目（CIP）数据

拎猫入住：家有猫咪的装修提案 / 漂亮家居编辑部
著. -- 北京：中国水利水电出版社，2018.7
ISBN 978-7-5170-6526-5

Ⅰ．①拎… Ⅱ．①漂… Ⅲ．①住宅—室内装饰设计
Ⅳ．①TU241

中国版本图书馆CIP数据核字(2018)第117320号

策划编辑：庄 晨	责任编辑：魏渊源 封面设计：梁 燕

书　　名　拎猫入住——家有猫咪的装修提案
　　　　　LIN MAO RUZHU——JIA YOU MAOMI DE ZHUANGXIU TI'AN
作　　者　漂亮家居编辑部 著
出版发行　中国水利水电出版社
　　　　　（北京市海淀区玉渊潭南路1号 D 座 100038）
　　　　　网　址：www.waterpub.com.cn
　　　　　E-mail: mchannel@263.net（万水）
　　　　　　　　　sales@waterpub.com.cn
　　　　　电　话：（010）68367658（营销中心）、82562819（万水）
经　　售　全国各地新华书店和相关出版物销售网点
排　　版　北京万水电子信息有限公司
印　　刷　北京天恒嘉业印刷有限公司
规　　格　160mm×210 mm　16 开本　13.25 印张　132 千字
版　　次　2018 年 7 月第 1 版　2018 年 7 月第 1 次印刷
定　　价　59.00 元